不怯场

怕，就会输一辈子

张灵芝◎著

江西人民出版社
Jiangxi People's Publishing House
全国百佳出版社

图书在版编目（CIP）数据

不怯场/张灵芝著.--南昌：江西人民出版社，

2016.7

ISBN 978-7-210-08515-7

Ⅰ．①不⋯ Ⅱ．①张⋯ Ⅲ．①成功心理－通俗读物

Ⅳ．①B848.4-49

中国版本图书馆CIP数据核字(2016)第112658号

不怯场

张灵芝 / 著

责任编辑 / 刘莉

出版发行 / 江西人民出版社

印刷 / 保定市西城胶印有限公司

版次 / 2016年7月第1版

2018年4月第4次印刷

880毫米×1280毫米　1/32　7.5印张

字数 / 181千字

ISBN 978-7-210-08515-7

定价 / 32.00元

赣版权登字-01-2016-329

前　言

如果你想占山为王，你就要拥有一颗熊心豹子胆。怕，你就会输一辈子。勇敢，就是去做自己害怕的事情！

生命的意义，就是改变。想要改变，就要勇敢。想要勇敢，就要先克服内心的胆怯。人的一生非常短暂，短暂到有时来不及回首就已暮年。要想从有限的生命中求取更多的生活，从小就必须革除恐惧感。因为，恐惧能使人丧失抵抗力，让人萎缩不前。

任何一个人都不能脱离社会而独立存在。既然生活在社会，就要与社会相融。融洽的人际关系、和谐的交往氛围、欢乐的生活场景……这些都是生命过程中必备的要素。只要你内心强大了，一切问题都不在话下。

很多人都渴望成功，但是却不敢追求成功。原因并不是他们的能力不够，而是他们在心里认为自己能力不够，人为地给自己限定了成功的"高度"，并形成一种心理暗示：成功是不可能的，我实在是没办法做到。这种消极的自我心理暗示只会阻挡你前行的脚步，摧毁你的意志，磨灭你的斗志。因此，任何时候都不要给自我设限，只有打破心理限制，你才能有所超越。

人生最大的极限是无法突破内心的限制。只有内心勇敢，才能推开属于你的那扇虚掩着的潜能之门，才能最大限度地开发你内在的潜能。很多时候，困难和阻力其实并不可怕，可怕的是它们都被我们人为地在心里放大。只有我们突破自己内心的限制，才能战胜困难和阻力，达到自己人生的高峰。

有的人终其一生都不曾发现自己的潜力，这不能不说是人生中的最大遗憾。只有当你正确地审视自己、深刻地认识自己了，你才能发挥出无穷的智慧，你的价值和才能才会完完全全地体现出来。

当面对危机、危险等境况时，恐惧是人正常的心理反应，生来什么都不怕的人几乎是很少见的。每个人的情况不同，都会有自己惧怕的东西。那么，该如何克服恐惧心理呢？本书将帮你找到答案。

《不怯场》能给你强大的精神力量，它能让曾经畏首畏尾的你找回丢失已久的勇气；它能让正在迷茫的你振作精神，去追逐成长的快乐；它能让踌躇不前的你放下包袱果断前行；它能让际遇不佳的你绽放光明，重新拥有无可匹敌的自信。

本书通过不同人士成功的经验、教训，告诉正在拼搏的你：只有不屈服于命运、只有敢于拼搏，你才有机会获得更大的成功，你才能过上你想要的生活。

全书简明扼要，通俗易懂，完全摒弃了繁冗与博杂，只选取与我们日常工作、生活、社交场合息息相关的事例，言简意赅，鞭辟入里，帮你塑造强大的精神气场。

告别恐惧吧！你只需记住：勇者无敌。

目 录
CONTENTS

Part1　告别自卑　输不丢脸，怕才没面儿

Part2　克服恐惧　只要你无畏，你就无人可挡

Part3　拒绝拖延　件件都做好，还有什么可怕

Part4　直面挫折　不屈从厄运，才能走出困境

Part5　拒绝投机　只要有准备，就不怕没机会

Part6　积极进取　即使是荒漠，也要把它变成绿洲

Part7　志在拼搏　敢做敢闯，才不负此生

Part8　坚定目标　勇敢就是，去做自己害怕的事情

Part9　完善自我　与众不同，自是无可替代

Part10　升级自我　足够优秀，才是你最大的资本

Part1　告别自卑

输不丢脸，怕才没面儿

勇敢寓于灵魂之中，而不单凭一个强壮的躯体。

——卡赞扎基（希腊）

别把残疾当缺陷，你有自己独特的美

"我热爱我的生命，没有什么可以阻挡我。"这是闻名全球的演讲大师力克·胡哲经常说的一句话，也是最振奋人心的一句话。人们很难想像这句话出自于一个天生没手没脚的人之口，更难想像，就是这样一个人用言语和行动撼动了数亿人的心灵。

他一出生连四肢都没有，跌倒再跌倒，一再被嘲笑。他经历了常人难以忍受的漫长黑暗，从失望到绝望再到充满希望，他终于成为心灵的强者，从一无所有到一无所缺。他以实际行动告诉世人什么叫永不放弃。

与力克·胡哲遭遇类似命运的人有很多，但是更多的人会因身体上的缺陷而深深地自卑，走路总是低着头，躲着人，生怕别人看到自己。其实，大可不必。身体上的残疾并不代表心理上的残疾，因为最大的残疾是精神上的残疾。

生于澳洲的力克·胡哲天生患有罕见的"海豹肢症"，没有四肢。可想而知，他的生活该有多么艰难，他甚至连自己的生活都很难自理。然而，经过努力，他不仅学会了骑马、游泳、打鼓、踢足球等技能，还以超强的毅力攻下两个大学的学位，在一家企业任总监，更于2005年获得"杰出澳洲青年奖"。他为人乐观、幽默、坚毅不屈，热爱鼓励身边的人，年仅30岁，足迹就已踏遍世界各地。

在力克·胡哲看来，这世上根本就没有什么难事。他经常拿自己仅有的脚自嘲，称其为"小鸡脚"。许多我们必须要用手足才可以完成的事情，比如日常生活中的刷牙、洗头、游泳等，他都要付出超出常人百倍的努力。2005年，力克被授予"澳大利亚年度青年"的荣誉称号，这是一项很大的荣誉。力克不仅自强自力，也时常鼓励别人要勇于面对并改变生活，完成人生梦想的征程。他的幽默和笑容深受人们的喜爱。

力克·胡哲并不因为自己天生的残疾就自卑、气馁，而是积极乐观地向人们展现自身无穷的魅力。他从17岁起开始做演讲，鼓励人们不要屈服于命运。随着演讲邀请信不断地涌来，他便开始到世界各地30多个国家和地区演讲。他还创办了"没有四肢的生命"组织，帮助有类似经历的人们走出阴影。

他说："人生最可悲的并非失去四肢，而是没有生存希望及目标！人们经常埋怨什么也做不来，但如果我们只记挂着想拥有或欠缺的东西，而不去珍惜所拥有的，那根本改变不了问题！真正改变命运的，并不是我们的机遇，而是我们的态度。"

事实正如他所期盼的那样，他既开启了精彩的人生，也收获了完美的爱情。2007年，力克·胡哲移居到美国洛杉矶。但是，他激励人们不断奋进的初衷却始终没有更改。

虽然他没有健全的四肢，但他拥有健全的心灵，他有对生命的坚定信仰。一个没有四肢的人都能做到的事，我们这些四肢健全的人还有什么做不到的呢？

残疾不是一种缺陷，至少身体有残疾的人，他们的心灵仍是健康的。"既然有残疾者做不到的事，也应该有残疾者能做到的事。上天是为了教我达成这个使命才赐给我这样的身体。"力克·胡哲的这句话值得我们每个人去深思。

自己足够强大，便没有什么可怕的

你是否有过类似的经历：好多话想说却一直没有说出口；本来想好了见面该说的话，到见面时竟不知说啥；本来我想对他反唇相讥教训他一顿，却仍是选择了咽下这口气……这样的情景在生活中每天都在发生着。那么，你有没有问过自己，为什么害怕？你有没有试图寻找害怕的原因？其实原因很简单，就是对自己不自信。

当然，不自信的人很多，所以成功者少。怎样才能让自己自信起来呢？**树立自信的第一步就是克服自我封闭的心理，把心灵之窗打开，让它照射更多的阳光便不会灰暗。**

过分浮夸的感情并不可取，但我们不能因此对生活中真正打动我们内心的人和事也装作视而不见。如果你试图一直封闭自己的感情，戴上所谓成年人的千篇一律的面具去生活，只会使你的生活腐败变质。

人的内心世界是由感情凝结而成的，所以我们才能在邻居或朋友之间建立起诚挚的友谊，才能在夫妻间建立起成功美满的婚姻和家庭，社会也才能通过感情的纽带协调转动。

真挚的感情无影无形，但它却比任何实际的东西都更有价值。正因为如此，寻找失落的童年时的笑声和真情，也才会成为人们历尽磨难后的梦想。

天性开朗、热情、奔放的人，根本就没有必要去追求少年老成的效果，以至于制造出一副扭曲的性格，它比肢体的残疾更令人悲哀。装出一副老于世故的外表和麻木不仁的面孔，去迎合某种观念和大众化的口味，是脆弱、怯懦的表现。因此，走出自我封闭的圈子，注意倾听自己心灵的声音并大胆表现它，生活才会美好而幸福。

当我们要压抑自己的感情，想把它封闭起来时，我们有必要反躬自问：我怕的是什么？我为什么不能更自由、更真实地生活在世界上，而不是在面具里呢？

为了你生活得更快乐、更有意义，请你摘下成年人的面具，重视你的内心吧。

1. 信任他人和你自己

如果你对新结识的人表现冷淡，这往往意味着你对人的信任感和孩子般天真的直觉已被自我封闭的重压毁灭了。那么，你就不会从你周围的人们中获得乐趣。

这时，你应该放松自己紧张的生活节奏，不妨和初次见面的人打打招呼；或者在你常去买东西的小店里和售货员聊聊；或者和刚结识的新朋友一道参加郊游。努力寻找童年时交友的感觉，信任他人和你自己，而不要每时每刻都疑窦丛生。

2. 对自己说"没关系"

孩子们常常发出无缘无故的笑声，他们的烦恼从不闷在心里。我们常常会被生活中各种各样伤脑筋的事压得两腿打颤。生活中果真有那么多的烦恼吗？其实，许多事情并没有什么大不了的，只是我们把它放大了而已。我们要学会对自己说"这没关系"，这样，我们的生活就会常常充满开怀的笑声。

3. 顺其自然地去生活

不要为一件事没按计划进行而烦恼，不要为某一次待人接物礼貌不够周全而自怨自艾。如果你对每件事都精心策划以求万无一失的话，你就不知不觉地把自己的感情紧紧封闭起来了。你已经忘记了自己小时候是一副什么样子。

应该重视生活中偶然的灵感和乐趣，快乐是人生的一个重要价值标准，有时能让自己高兴一下就行，不要整日为了一个明确的目的或为解决某一项难题而奔忙。

4. 真实的感情不需打扮

如果你和你的挚友分离在即，你就让即将涌出的泪水流下来，而不要躲到盥洗室去。为了怕人说长道短而把自己身上最有价值的一部分掩饰起来，这种做法没有任何道理。

正如巴鲁克教授所说：即便做错了事，我们也不会太难过。生活中许许多多的事都是这样，遵从你的心，听取你心灵的声音，给自己足够的自信。

当然，要想树立自信，也需要消除对生活的恐惧感。

有很多人已经意识到社会的发展变化太快，面对生活，每个人都会产生某种恐惧：恐惧没有钱，恐惧没有出路，恐惧没有人理解，恐惧批评，恐惧健康不佳，恐惧失去爱，恐惧失去自由，恐惧年老，恐惧死亡……总之恐惧有很多。

恐惧的理由有无数种，但最可怕的是对贫穷和衰老的恐惧。我们把自己的身体当作奴隶一般来驱使，因为对贫穷恐惧，我们希望积聚金钱以备年老之需。这种普遍的恐惧给我们造成很大的压力，促使身体过度劳累，极度困惑。

比如，当一个人刚刚达到生命旅程中的第四十个年头——达到这个年龄之后，他才算刚刚心理成熟——却又不断压迫自己，这真是一大悲剧。一个人到 40 岁时，只是刚刚进入一个能够看清楚、了解及吸收大自然奥秘的年龄而已。大自然的奥秘是写在森林、潺潺小溪及男女老少的脸孔上的。然而，这种恐惧感却把他压迫得如此厉害，以至于使他变得盲目并迷失在各种冲突与欲望的纠缠中。

因此，我们必须了解在我们的恐惧中，有很多是年幼时当某种价值观受到威胁后所产生的后遗症。为什么这么说呢？

首先，"害怕被拒绝"的恐惧，可以归咎于小时候所受到的批评。这些批评则来自父母、亲戚或教师，而最严重的是我们同辈伙伴的批评。这些批评把我们和错误联结在一起。我们不妨联想一番，幼年时期，如果我们犯错误或失败时，父母的反应是什么？是"坏孩子""淘气鬼""再不乖，就赶你出去"，还是"不听话就把你卖给坏人"？

父母一时无心的责备，无意中等于给孩子的行为贴上了标签。然而不幸的是，孩子对自己的行为并无认识能力，于是造成了行为与观念的混淆，导致不安的后果。

入学后，玩伴又会给你取些绰号："大头""四腿田鸡""糊涂虫""竹竿""雀斑""胖子""龅牙"……

等到上了大学或进入了社会，情况并未改善，这时经常被别人批评："无聊""刻薄""呆板""假认真""顽固""粗野""虚伪""激进派"……在充满挫折、消极的绰号以及各种批评的环境中长大的孩子，通常会成为吹毛求疵的成年人，缺乏足够的自尊。"害怕被拒绝"的恐惧因此成为"害怕变化"。他们随波逐流，追求与社会制度相配的安全与地位，不敢"轻举妄动"。"害怕变化"最后变为"害怕成功"。在我看来，"害怕成功"和"害怕被拒绝"是同出一辙。

其次，"害怕成功"之所以充斥在我们的社会中，原因在于我们小时候所受的教育。婴儿一直被抚抱，接着孩子开始知道，有许多事情是做不好的，许多事情是不应当去做的。孩子从电视中看到，演员在戏中互殴、厮杀、破坏别人的生活，等等。但每当节目终了，一切也就恢复正常了。这种种变化在孩子心中都印下深刻的痕迹。

再次，在所有这些令人泄气的现象中，还有一种现代流行的反常行动，父母在子女年幼时，因为工作的缘故无法尽心照顾爱护子女，因此在心中产生了强烈的内疚，他们往往用金钱来弥补自己的不安，借此换取孩子的爱。他们还对孩子做了微妙的暗示和提醒："既然我们对你的前途做了这些重大的牺牲，你将来一定要好好干，一定要胜过别人，绝对不能失败。"

这些使孩子产生了"害怕失败"的后遗症，甚至对任何尝试都恐惧。它的特点就是拼命为自己做合理的解释以及尽量地拖延。"我无法想象自己获得成功。""我按照他们通知的，在早上 8 点 30 分就去应征，但我到了那儿，应征的队伍已经排满了半条街道，所以，我就离开了。""我很愿意做这件工作，但是我没有足够的经验……""我会把那件事办妥的，只要我有充分的时间……在我退休之后。"

大多数人都了解，只要运用想象力，就能发挥创造力。他们都曾经阅读过一些伟人传记，这些伟人本来也都是普通人，他们都是克服重大的缺点与障碍之后，才成为伟大的人物。但他们却无法想象这种情形会发生在自己身上。他们使自己安于平凡或失败，并在希望与嫉妒中度过一生。他们养成了回顾过去的习惯（加强了失败的意念）；并且幻想同样的情形会再出现（预测失败）。他们受制于别人订下的标准，因此经常把目标放得高不可及。他们既不相信梦想能够真正实现，也未充分准备有所成就，因此，他们一次又一次地失败了。

失败已固定在他们的自我心态中。就在事情似乎已有突破或真正有进展的时候，他们却把它弄砸了。事实上，对成功的恐惧感，使他们拖延了成功所必需的准备工作以及创造的行为。而为失败找出合理解释，正好可以满足这种微妙的感觉："如果你们也经历了我的遭遇，你们也不会有所进展的。"

因此，我们现在对生活的恐惧是由于早期没有得到信心的鼓励，这种恐惧我们如果不克服就会严重影响今天的发展。因为在恐惧所控制的地方，是不可能达成任何有价值的成就的。有一位哲学家写道："恐惧是意志的地牢，它跑进里面，躲藏起来，企图在里面隐居。恐惧带来迷信，而迷信是一把短剑，伪善者用它来刺杀灵魂。"所以一个人要改变自己，首先就要克服恐惧，肯定自己。

那么，怎样排除恐惧呢？

首先，你要进行自我激励，不断地在自己内心里对自己说：没什么可恐惧的，我一定可以做好。

自我激励就是鼓舞自己作出抉择并且化为行动。激励能够提供内在动力，例如本能、热情、情绪、习惯、态度或者想法，能够使人行动起来。

其次，行动起来，用事实克服恐惧。很多事情没有做的时候，常常会感到恐惧，一旦做起来就不会恐惧了。特别是事情做成功了，就可以克服恐惧，树立起信心。

再次，把事情的最坏结果想象出来，如果最坏的结果你能够承受，那么就没有必要恐惧了。比如，下岗了，又能怎么样？我还有基本生活保障，不至于活不下去。我可以干自己能够干的事情。

所以，这世上根本就没什么事情是可怕的，一切源于你的内心。心无畏，便无惧。

相信自己，这件事情你能解决

人生在世，无论感情、家庭、工作、学习、生活等，都会面临各种各样的问题。有些问题甚至让人烦恼得直挠头。那么，当我们面对困惑或困境时，不妨问问自己：这件事情我能解决得了吗？

答案有两个：一是你能解决，二是你不能解决。**如果你能解决，那你还烦恼啥？如果你不能解决，那你烦恼有啥用？** 总之一句话，任何事都不必烦恼。每一个困难的出现都会有千千万万个解决问题的办法，只看你是否用心去寻找。

人们都知道悲伤和情绪低落对健康是很不利的，可是有时却无法摆脱这些不利因素的影响。现在给读者介绍由美国科学家提出的五种方法，它可以帮助你摆脱这种状况。

1. 适当的运动

运动能使你忘却悲伤，恢复信心。运动促使人全身肌肉紧张；使血液中的内分泌激素改变；减少大脑皮层疲劳；减轻大脑和心脏在代谢方面的过度负担；提高植物神经系统的能力。

2. 合理的营养

科学家都坚信维生素和氨基酸对人的心理健康很有帮助。他们发现脾气暴躁且怪僻、悲观的人在大幅度改善营养以后，他大脑中用来维持正常情绪的去甲肾上腺素这种化学成分会大大增加，从而在很大程度上帮助他克服情绪低落，避免这些不利因素对大脑和心脏的影响。

3. 换个角度想问题

情绪不好实质上都是由于思维方法不对所致。比如，在街上离你不远处，你看见一个朋友，他没有跟你说话或打招呼，你就以为是他不再理你了。如果你反过来想："他可能没看见我""他可能正埋头想自己的事情"，就不至于影响到自己的情绪了。克服情绪低落的具体办法是：每天注意自己情绪的变化，可以把一些问题记下来，把自己不好的情绪起因尽量写在第一部分，在第二部分写上完全相反的意见，并努力在内心中默想第二部分是正确的，第一部分引起悲伤的原因绝大部分可能是由于自己主观臆断造成的。

4. 扩大你的社交网

有人说，"朋友是最好的药"，一点不假。研究表明，一个人得到别人的帮助后一般也愿意帮助别人。互相帮助是一种高尚的品德，也是最使人快乐的事。长期和好朋友们在一起使人愉快，甚至使人长寿。

5. 检查你的甲状腺

有美国科学家认为，悲哀和情绪低落不属于心理学的范畴，而是属于生理学的范畴。他们认为这种状况主要因内分泌素、激素失调而引起，低血糖也能引起。因此应该请医生看看病，对症治疗。

此外，还有些药品对人的情绪有不利影响。如某些可的松，一些磺胺类药，一些控制高血压的药如利血平等，都能使人的情绪受到一定的影响。为避免这些药物的副作用，你在看病时应把你的情绪因素告知医生，以便医生能够在开处方时掌握。

当你摆脱了悲观和低落的情绪，紧接着就需要消除自我迷误心理和自我挫败行为。这就要求我们重点培养一种崭新的思维方式，相信自己每时每刻都能作出正确抉择。

　　自卑其实就是人们对自己虚设的一种自我否定，也就是人们常说的"自己瞧不起自己"，缺乏自信和自强。这种心理一般表现为害怕失败，或者说不能正确对待失败。

　　不敢面对缺乏能力的自己——刻意逃避自己。事实证明，有自卑感的人，总是畏畏缩缩，社交时自然"不战自败"。

　　怕羞者常常担心自己被别人否定，他们总是把别人看作是自己的法官，这样一来，跟其他人在一起就会感到很不自在。特别是和名人或比自己水平高的人交往，这种"不自在"好比芒刺在背。久而久之就会把自己封闭起来，不与他人往来。

　　一位西方心理学家指出："愚昧是产生惧怕的源泉，知识是医治惧怕的良药。"例如，他人正在谈论的一个话题，如果一个根本不知晓此类问题的人，在这种社交场合下，他若是不介入谈论，就会明白地告诉他人自己是无知于此道；若是介入谈论，便会由于无知而"出丑"。这种进退维谷的局面会使他封闭自我，不参与社交，孤立于一隅。要走出自我封闭的圈子，就不能羞羞答答，正确认识自己，也敢面对社会面对他人，走向成功人生。

　　西奥多·罗斯福，这位据说是美国历史上最大胆的总统，过去却是个自卑、胆怯、神经质的人。他在自传里说："一次我读到一本书，书中有一位英国军舰舰长告诉人们怎样才能勇敢：'你可以装作不害怕的样子，时间一长，你就真的变成勇敢的人了。'我相信了这种说法。那时我害怕的东西很多，从大灰熊、烈马到士兵，见了就躲。后来，我让自己装出不怕的样子，果然，慢慢地就不怕了。我想，人的性格和情感都可以选择，你选择了勇敢，就会使自己变成一个勇敢的人。"

　　人之初，性本同。人从母体脱胎而出的时候，无所谓胆大或胆小、外向或内向、乐观或悲观、自尊或自卑、开朗或抑郁、热情或冷漠、刚强或懦弱、洒脱或卑琐。现实生活中的芸芸众生之所以性格千差万别、情感千姿百态，原因不单单在于先天的遗传和胎教，更在于后天的陶冶和选择。

然而，对于这样一个并不深奥的道理，许多人却并不知道。据心理学家调查分析，18 岁以上的成年人中至少有 75% 的人属于外界控制型，他们从小到大都认为：自己的情感是无法控制和选择的，愤怒、恐惧、怨恨、爱慕、喜悦、欢乐等情感只能自然而然地产生，个人对它无能为力；尤其是各种烦恼、忧愁和不如意之事，只能接受不能拒绝，更不能随意改变。倘若我们对这种观念稍加分析便可发现，它是一种在自我迷误心理驱使下的自我挫败行为——完全听天由命，任凭不良情感摆布，结果往往是身未行而心先死、志未酬而意先灭。

其实，人既能磨练自己的性格，又能选择自己的情感，更能消除心理上的一切障碍。关键在于要用宽广的眼光去认识和看待外在的世界，用豁达的心境去认知和感受自身的遭遇，用顽强的意志去改造和优化周围的环境。

"二战"期间，一个名叫维克多·弗兰克的精神病学博士曾经在纳粹集中营里被关押了很长时间，饱受生活上的欺凌和人格上的侮辱。在那些暗无天日的日子里，每天都有因受折磨而发疯的人。于是，他强迫自己不去看和想那些倒霉的事情，而是着力回忆自己以往经历过的各种喜事和乐事，并刻意幻想今后生活中将会遇到的各种好运和奇迹，使自己每时每刻处于无忧无虑的情感之中，脸上常常浮现出灿烂的笑容。终于，当他从集中营里被释放出来重新获得自由时，他的亲朋好友简直不敢相信，一个在魔窟里受尽凌辱的人竟能保持着如此年轻而不衰老的心态。

消除自我迷误心理和自我挫败行为，主要在于培养一种崭新的思维方式，相信自己每时每刻都能作出情感上的正确抉择。要知道，情感是人对外界事物的心理反应，是一种主观上的可选因素，而不是客观上的必然因素。生活中的许多烦恼、忧愁和不如意的事，常常都是"庸人自扰"的结果。有些事本来并不严重，甚至根本不算一回事，可由于一些人对生活的理解不够豁达大度，往往有意无意地强化了问题和障碍的"能量"，使问题和障碍变成了一条条扼杀生命活力的绳索和一具具羁绊人生之旅的枷锁。

精神可以击败厄运，情感可以支配人生。只要我们勇于消除自我迷误心理和自我挫败行为，善于选择和酿造豁达乐观、健康向上的心境与情感，并以此为基石，砥砺意志，激活智慧，人生旅途上的一切高山峻岭、艰难险阻都将化为齑粉。

人的精神具有无穷的力量，可以改变人的一切不足，不论是先天的还是后天的，只要你意识到自我，意识到不改变就不会成功，你就会改变自己。

首先，要有走向成功的愿望。

其次，要敢于表现自己的长处。

再次，在别人面前承认自己的缺陷与不足，不但不会丢脸，反而会赢得别人的尊敬。

最后，多与别人交谈，敞开心扉，能宽容他人，他人也就能宽容自己。

如果你能静下心来，按照上述四点去做，相信所有的问题都将不是问题。

找到你的发光点，就找到了人生坐标

　　世界上没有两片完全相同的树叶，人也是这样，每个人都是上帝的宠儿，都是独一无二的，都有自己的发光点，都是不可替代的。

　　从生理学上说，每个人都具与众不同的特征，包含 DNA、指纹等。从社会学上讲，每个人的社会关系也是与众不同的，所以这个社会离不开每个人。我们应该自信，只有自信才能自强，只有自强才能演好自己的角色，不管是主角还是配角。

　　任何一个人都有他的优点和长处。你的发光点，其实就是你在自己的人生道路上为自己所选定的人生坐标。找准了这个坐标，你就能够充分发挥自己的聪明才智，从而为社会贡献你的一份力量，同时实现自己的人生价值。

　　结合到实际中，无论是在择业还是在创业过程中，我们都需要了解自己的爱好和特长，并且充分利用它们。这就如同一个靶手，要想取得十环的好成绩，不仅要具备良好的枪法，也应该有好的准星，只有二者结合起来，才能最终使子弹准确无误地射向靶心，一枪中的。

　　正当 20 世纪 30 年代美国经济大衰退的时候，里根在堪萨斯州一个公众游泳池当救生员。他经济拮据，无方向感，一事无成，不知所措。

　　有一天，当地的一位名人爱斯杜拿到那里游泳，与里根闲谈起来，这位先生一向是以乐观自信著称的。

"经济衰退的情况不会是永恒的。有志向上的年轻人应该懂得把握好这个时机，在这段时间内学习创业的窍门；当经济开始复苏，机会的大门便会打开，而这些懂得把握时机的年轻人便会成为国家未来的主人翁。"爱氏对里根说。

里根那个时候最关注的是一个月后是否会失业，根本就没有兴趣去聆听这些"过分乐观"的话语。

"年轻人，你喜欢在未来的数十年做些什么工作？"爱氏没有在意里根那无奈的表情，继续追问。

"先生……我没有想过。"年方及冠的里根怯懦地说。

"没有想过现在就要好好地想一想。"这位善良的长者丝毫不肯放松。里根本来想告诉爱氏他的志愿是当演员，但他没有这个胆子，于是他说："我希望做一个电台的体育评述员。"爱氏接下来的一番话，对里根的一生有着决定性的影响。

"你要相信自己——只要你肯做，你就会做到。每一个人都可以有美好的将来——只要他肯敲门、肯尝试、肯努力！"

就是因为这句话，堪萨斯州的洛维汝公园少了一个救生员，而美国多了一位伟大的总统——由穷救生员到三流演员到加州州长再到美国总统，里根终于实现了人生的超越。

日本著名学者本村久一曾经在他的《早期教育与天才》一书中说："天才人物指的是有毅力的人、勤奋的人、入迷的人和忘我的人。但是，千万不要忘记：毅力、勤奋、入迷和忘我的出发点实际上在于兴趣。有了强烈的兴趣自然会入迷，入了迷自然会勤奋、有毅力，最终达到忘我。因此，我特别想说的是，天才就是强烈兴趣和顽强入迷。"的确，一个人无论是干什么工作或从事什么职业，只要是有了兴趣，他就能发挥自己的思维力、想象力和创造力，所以我们在认识自我时，首先要了解自己的兴趣所在，这对于挖掘我们自己的"金矿"有着至关重要的意义。

当然，有时候兴趣并不能代表一切。一个人的"发光点"不是简单的爱好所能决定的，要真正地认识自己还必须了解自己的性格，因为性格对一个人的发展影响深远。某些特定性格的人比较适合于从事某些特定的工作；而某些特定的工作也需要一定性格特征的人来从事。例如，以理智去衡量一切并支配其行动的人，比较适合于从事某项理论的研究工作；而那些情绪波动较大，情感因子较为浓重的就不大适合于从事理论研究工作，否则对理论研究的严肃性和严密性会造成一些消极影响。又比如，交往性的工作或管理工作比较适合于性格活泼好动、敏感、喜欢交际的人去从事；难度较大的工作则适合于精力旺盛、具有直率热情性格的人去从事，等等。当然，性格对人生坐标的影响也并不是绝对的，我们还需要结合自身的智力水平，包括社交能力、抽象思维能力和实际操作能力等去综合考虑自己的发展方向。

总之，每个人在真正认识自己的"发光点"时，要力求全面、客观和公正。只有这样我们才能找到人生的坐标，才能在挖掘"金矿"之时少走弯路，更快地走向成功。

即便是小草，也要有抵挡寒霜的勇气

八十年代有首非常好听的励志歌曲《小小的我》，歌中唱道："……我是山间一滴水，也有生命的浪波。我是地上一棵小草，也有生命的颜色……小小的我，小小的我，投入激流就是大河。小小的我，小小的我，拥抱大地就是春之歌。"

即使，我们是棵小草，也要活出自己生命的颜色，也要有抵挡风霜的勇气。

现实中，经常听到有人抱怨自己不是富二代，工作不好，住房不好，生活不好……总之，各种不好。他就从不问问，自己到底有多么好？每一个生命来到这世上都是肩负不同的使命。即使我们不是金子，哪怕只是一根铁钉，也要发出自己的光芒。如此，才不负此生。

人生的路上，我们不必太多的喝彩，但我们必须要不断给自己加油。这个世界上谁是真正能够打败你的人？唯有我们自己。

奋斗在人生的旅途中，我们不能轻易服输，相信只要自己努力就没有什么战胜不了的。然而，太多的时候，面对恶劣的环境，面对天灾人祸，面对重重的困难和挫折，是我们在心理上首先否定了自己，因而选择了放弃，选择了失败。

古希腊有一位演说家，起初因其口吃常常被对手反驳得无还击之力，遭到别人的嘲笑。也许，有很多人会说这是他自己的能力无法达到的，放弃才是明智的选择。然而，就是这位演说家，每天清晨坚持演说。经过不懈的努力，他成为了当时最为著名的演说家。

由此可见：天生的不足，别人的嘲笑，以及种种的理由，都不是阻碍我们成功的荆棘。唯有自己为了安稳享乐，为了蝇头小利，为了达到暂时的满足，而放弃了坚持、奋争，才会让我们无法超越自己。

朋友们，我想大家都知道海伦，都知道爱迪生，也知道卧薪尝胆的故事。不错，古往今来，无数的成功者都是对"战胜自己"最完美的诠释。如果我们还在退缩，请快点明白，战胜自己是如何紧迫；如果我们还在犹豫，请看看那些胜利者是如何一步步走来；如果我们已经在向自己挑战，那就要坚持，成功最终会向你敞开胸怀的。

使人痛苦的原因很多，或者来自感情生活的挫折或不幸；或者来自理想追求的挫折；或者来自丧失亲友的悲痛，等等。无论由何种原因引起的痛苦，其共同的情绪体验是，陷入情感上的悲哀、矛盾、忧虑而不能自拔。因此，要消除痛苦的情绪，首先必须战胜自己。

在人生的每一个关键时刻，审慎地运用智慧，做最正确的判断，选择正确方向，同时别忘了及时检视选择的角度，适时调整。放掉无谓的固执，用开放的心胸冷静地做正确抉择，才会指引你走向成功的坦途。

傅雷先生说过："人一辈子都在高潮—低潮中沉浮，唯有庸碌的人，生活才如死水一般，或者要有极高的修养，才能豁然无累，真正得到解脱。"人生如海，潮起潮落，既有春风得意、马蹄潇潇、高潮迭起的快乐，又有万念俱灰、惆怅莫然的凄苦。如果把人生的旅途描绘成图，那一定是高低起伏的曲线，它可比呆板的直线丰富多了。

"人生得意须尽欢，莫使金樽空对月"。当我们快乐时，不妨尽情地享受快乐，珍惜所拥有的一切。而当生活的痛苦和不幸降临到我们身上时，也不要怨叹、悲泣。

常见许多人处于生命低谷时一味地抱怨、苦恼，长期沉溺其中不能自拔，终日被泪水和无奈的情绪包围着。其实，仔细想来，抱怨、折磨自己又有何用？只能徒增痛苦，让自己坠落得更深、更惨罢了！

我们应该超脱一些！为什么不换个角度想想问题，同命运抗争呢？

人类历史上许多伟人都是在生命低谷中成就惊天动地的事业的，如司马迁，将苦难的心锁进历史，为人类缀成了《史记》这串美丽而珍贵的项链。

又如曹雪芹，将苦难的人生倾注在生活的大观园，为后人留下《红楼梦》这道绚丽的彩虹。

为什么伟人能在生命低谷中铸就生命的辉煌，我们却不能呢？

当生活中的低潮涌向我们生命之岸时，让我们庆幸吧，庆幸自己终于有时间思考了，终于有时间好好审视自己走过的路了。仔细想想，自己的生命之路哪一步走歪了，哪一步走慢了，哪步一落千丈走得不稳了。然后，再积蓄力量，伺机待发，生命的下一个辉煌定会光顾我们！

人生之路充满选择和转折，当我们处在人生的低谷时可能就预示着转折的来临。人生的不幸向人们昭示的不纯粹是灾难，它或许告诉我们原来的那种活法并不适合我们，或许原来的要求、目的和现实有偏差，它用不幸来提示我们，让我们暂时心灰意冷，给我们一个静心思考的机会。这个时候，我们如果能抓住冥冥之中命运之神给予的这个暗示，前面的路就会豁然开朗。

不畏惧才有底气，才有超强的应变能力

时常有一些人，未曾开口气势就能压倒众人，这说明他们有足够的底气。底气是一个人信心的体现，有的人不怒自威就是这个道理。

一个人的应变能力反映了一个人的综合素质，包括心理素质、知识层次，等等。底气足，办事就会有信心，就会更加收放自如，大大提高成功的概率。

一个人的性格不仅影响其底气，也是影响其应变能力的关键因素。因此，我们应该在平时有意识地克服恐惧，以培养自己在关键时刻的应变能力。

美国皮套业的明星约翰·比奇安曾经是一名警官，只是喜欢在业余时间做皮套。后来，他创办了全美最大的制造皮套和皮带厂家——比安奇国际公司，专供执法人员和军方使用。他也担任过亨廷顿控股公司的顾问和瑟法里公司的发言人。比安奇在这个行业有极大的吸引力，当他出现在皮套展览台时，展厅的人们排着长队，只为一睹他的风采，就像西部乡村歌星会见他的歌迷。

他给别人讲过这样一个故事："信不信由你，38年前，我还年轻的时候，在咖啡厅干过活，我看见公司的老板进进出出，我观察他们时就问自己：什么使他们与众不同？他们在干些什么？我应当好好研究一下。我发现一件非常重要的事情——他们有一个重要的特点，就是充满信心。他们无所畏惧，他们是自信的。从那时起，我反复思考，后来发现，恐惧是许多问题的根源。你必须对自己有信心，如果你自己没有信心，任何人都无法相信你。"

一般说来，想要克服恐惧、拥有底气、拥有出色的应变能力，就要做到以下几点：

1. 保持高度的冷静

无论出现什么情况，都要保持高度的冷静，使自己不失态。如在一次生意交际中，对方在谈到价格时突然揭了你这一方的老底，说你给某公司的价格很低，而给他们过高，这实在是太欺负人，等等。如果你不冷静，情绪过分紧张或者激动，很可能应付不了局面。接下来或者承认事实（这就意味着在价格上让步，信誉也受到损失，失去对方的信任），或者愤怒争辩、拼命否认，很可能当时就不欢而散。但是你如果很冷静，可能会很快找出理由，比如价格低并不保证退换维修，某一方面没有运用新材料、新技术，或者在付款形式、供货期限、质量保险等方面有不同。反正你总能找出合适的理由来挽救局面，使彼此都有继续商谈的机会和可能性。

2. 保持强烈的自信

不管出现什么情况，一定要保持强烈的自信，使自己处于主动地位。例如，在交际中，突然插入一个你不喜欢的人，你怎么办？一走了之还是失礼失态？这些都不是好方法。最好采取主动，伴以自信的微笑，以强者的姿态控制局面。

3. 适时地打个圆场

在任何情况下都应该能够"打圆场"，淡化和消解矛盾，给自己和对方找台阶，使气氛由紧张变为轻松、由尴尬变为自然。在很多时候，替别人解围比为自己掩饰更重要，一方面表示自己对对方的理解和尊重，另一方面也给自己留下了余地。

比如，当你的上司当着大家的面指着你说："这个家伙曾经总是不听话，不听指挥。"这时候，尴尬的你可以用幽默的方式来给自己圆场，也给上司台阶："曾经这个家伙做错了。也知错了，现在这个家伙，紧紧跟随您的旨意，忠于职守了。"这样的幽默不会让在场的人尴尬，既给自己圆了场，也让上司知道了你的忠心。

4. 学会巧妙移话题

学会巧妙地转移话题，分散别人的注意力。一旦你说错了话或者做错了什么事，除了迅速承认错误之外，还要巧妙地转移话题，把别人的注意力吸引到其他方面。比如，用幽默或玩笑的方式转移目标，把关于人的事扯到某种物上面，把令人紧张的话题变成轻松的玩笑等。

聪明人往往知道在合适的时候结束原来的话题，开始另一个可以缓解气氛的新话题，这样不仅避免了不必要的冲突，也能让别人感受到你的应变能力，从而会给你一个定位，不会轻视你的存在。当然，这要进行一些必要的口才和应变能力训练才能做到。

5. 多参加挑战性强的活动

在实践活动中，我们必然会遇到各种各样的问题和实际的困难，努力去解决问题和克服困难的过程，就是增强人的应变能力的过程。

6. 改变不良的习惯和惰性

假如我们遇事总是迟疑不决、优柔寡断，就要主动炼自己分析问题的能力，迅速作出决定。

假如我们总是因循守旧，半途而废，那就要从小事做起，努力控制自己，不达目标不罢休。只要下决心锻炼，人的应变能力是会不断增强的。

人的一生，难免因为自己的疏忽或者考虑不周而陷入不利局面，如何化不利为有利，使事情向好的方向转化，是每一个成功者必备的素质。因此，要在日常工作中有意识地培养应变能力，最重要的

是要灵活地面对突如其来的意外状况。只有具备强大的知识储备和良好的心理素质，在关键时刻才能真正发挥自己的应变能力。

应变能力不是与生俱来的，需要在不断的锻炼中积累经验，不畏惧困难和问题，善于抓住解决问题的关键，这样才能在交际场上处于主动，从而令自己立于不败之地。

Part2　克服恐惧

只要你无畏，你就无人可挡

　　你若想尝试一下勇者的滋味，一定要像个真正的勇者一样，豁出全部的力量去行动，这时你的恐惧心理将会为勇猛果敢所取代。

——丘吉尔（英国）

敢于发掘自身潜能，别把自己荒废

在古籍《孟子·滕文公上》有云："今滕绝长补短，将五十里也，犹可以为善国。"后来演化为"取人之长，补己之短"，意思是说吸取别人的长处，来弥补自己的不足。

如果能取人之长，补己之短，就会在自己身上产生有一股"合力"的作用，而这种合力更能推动你由弱而强、由小而大，这是成大事者的共同特征。只有充分发挥自身优势并能利用他人的优势来弥补自身不足的人，才会在竞争激烈的社会中取得成就。

每个人的潜能都是无可限量的，但个人的能力还是有限的。青年人精力旺盛，认为没有自己做不完的事。其实，精力再充沛，也有一个限度。超过这个限度，就是人所不能及的，也就是你的短处了，所以合作就更显重要。同时也因为你的能力倾向与其他人不同，每个人都有自己的长处和不足，这就要与人合作，用他人之长补己之短。养成合作习惯的青年人，才会更好地完善自己，发展自己。

人的性格和能力是有差别的，这些差别是长期养成的。不能说哪一种类型就一定好，哪一种就一定坏。正是这些不同，所能从事的工作性质就不一样。要想有所作为，首先得明白自己的性格和能力，然后选定一个适合你的工作目标。在与人合作时，也应注意分析别人的性格特点，尽可能使每个人都能找到适合自己的工作。也就是他能弥补你的短处，你能补救他的不足。

青年人最好能从事与自己个性相契合的工作，这样就一定会全心全意做好这项工作。世界上最大的悲剧，也是最大的浪费，就是大多数人从事着不适合其个性的工作。过去的社会体制限制着个人，使得他们没有选择的权利。现在的社会，选择余地越来越大，好多人却仍然只是选择或从事从金钱观点看来最为有利可图的事业或工作，根本没有去考虑自己的个性和能力。现在，社会为我们提供了便利的条件和宽松的发展环境，青年人可以自由择业，这样的机会青年人一定要把握好，才不会在年老时因回首往事时而感遗憾。

每个人都有无限的潜能，但是被挖掘出来的却很少，很大一部分原因是人们习惯了自己的现状，懒得去改变。但是当有外界的刺激不得不做出改变的时候，潜能就爆发出来了。

一位名叫史蒂文的美国人，他因一次意外导致双腿无法行走，已经依靠轮椅生活了20年。他觉得自己的人生没有了意义，喝酒成了他忘记愁闷和打发时间的最好方式。

有一天，他从酒馆出来，照常坐轮椅回家，却碰上3个劫匪要抢他的钱包。他拼命呐喊、拼命反抗，被逼急了的劫匪竟然放火烧他的轮椅。轮椅很快燃烧起来，求生的欲望让史蒂文忘记了自己的双腿不能行走，他立即从轮椅上站起来，一口气跑了一条街。事后，史蒂文说："如果当时我不逃，就必然被烧伤，甚至被烧死。我忘了一切，一跃而起，拼命逃走。当我终于停下脚步后，才发现自己竟然会走了。"现在，史蒂文已经找到了一份工作，他身体健康，与正常人一样行走，并到处旅游。

史蒂文残疾了20年，竟然因为一次意外而奇迹般地恢复了，这说明了什么？人的潜力到底有多大，谁也说不清楚，甚至自己也看不清。我们习惯了自己现在的样子，不想做出什么改变，也没有想过要去做些看起来自己做不到但是经过努力却能做到的事情。当我们的生命受到威胁时，求生的欲望战胜了一切，所以竟能在瞬间爆发如此大的能量，不能不说是一个奇迹。著名作家柯林·威尔森曾用富有激情的笔调写道："在我们的潜意识中，在靠近日常生活意识的表层的地方，有一种'过剩能量储藏箱'，存放着准备使用的能量，就好像存放在银行里个人账户中的钱一样，在我们需要使用的时候，就可以派上用场。"

如果我们在平常的日子里也能试着去挖掘自己的潜力，是不是可以比现在的自己在很多方面做得更好呢？懂得挖掘自己潜力的方法也是很重要的。

我们每个人都要学会积极归因。当取得进步时，可以归功于自己的努力，这样会激发自己继续挑战自己的欲望；也可以把取得的进步看成是自己实力的体现，这样你会对进行以后的努力更有信心，因为你相信自己的实力。

习惯往往是人们拒绝去挖掘自己潜力的一个重要因素。它就像一个能量调节器，好习惯自发地使我们的潜能指引思维和行为朝成功的方向前进，坏习惯则反之。好习惯会激发成功所必需的潜能，坏习惯则在腐蚀有助于我们成功的潜能宝库。

一旦习惯了安逸的环境，人就变得迟钝起来，很难看清外界的变化。当这些变化累积到足以让你的人生陷入低谷的时候，你才恍然大悟，但是这个时候往往已经太晚了。所以，在风平浪静的时候要养成好的习惯，让自己主动地去挖掘自己的潜力，如尝试一些自己以前从未做过但是很有兴趣的事情。也许经过尝试，你会发现自己做得很好，这就相当于又找到了一条成功之路。

把挫折当成是一种考验，用积极的心态去应对，可以从不同的角度去思考解决问题的办法，也许在不经意间你就能找到问题的解决办法。这样不仅能增强自己的信心，更能挖掘出自己的潜力。

用心挖掘你的潜能吧，不要让无限的可能在你的懒惰中睡觉。

冷板凳不可怕，关键要把它坐热

俄国作家列夫·托尔斯泰说："人生不是一种享乐，而是一桩十分沉重的工作。"月有阴晴圆缺，人有旦夕祸福，人生不可能永远一帆风顺。人生旅程，如同穿越崇山峻岭，时而风吹雨打困顿难行，时而雨过天晴鸟语花香。当苦难当道时，有的人自怨自艾，意志消沉，从此一蹶不振；有的人则不屈不挠，与苦难作斗争，成为生活的强者。

我们一生当中会遇到很多问题，总会有一些不期而至的挫折和打击，来考验我们的耐心和"抗击打能力"。苦难是人生的必修课，强者视它为垫脚石，视它为财富；弱者视它为绊脚石、万丈深渊，被它压垮。

天降大任于斯人，必先苦其心志。苦难是人生的沃土，是磨练意志的试金石。不经三九苦寒，哪来傲雪梅香？没有曹雪芹贫困潦倒的磨难，哪里会有《红楼梦》？司马迁不忍受宫刑，哪会有举世不朽的《史记》？没有苦难，哪会有激励几代人的《钢铁是怎么炼成的》？苦难从古至今都是人生的一笔宝贵财富，勇者在苦难面前永远都不会低下高贵的头。

如果你能忍耐，你便学会了控制情绪和心志，以后碰到大的问题自然也能忍，也自然能忍到最好的时机再把问题解决，这样才能成就大事业！能有以上的作为，相信你一定会把冷板凳坐热。

不管你坐冷板凳的真正原因是什么，这都是训练自己耐性，磨炼自己心志的机会。冷板凳都坐过了，还有什么好怕的呢？即便处在困苦之中，也不要惴惴不安；即便时运不济，也不要郁郁寡欢，风雨过后总会有彩虹出现。

一个电器公司的职员，在刚进公司时很受老板赏识，但不知怎的，在并没犯什么错误的状况下，他被"冷冻"了起来。整整一年，老板不与他谈，也不给他重要的工作，从主管的地位变成和小听差差不多。他忍气吞声地过了一年，老板又终于召见他，给他升职、加薪，同事们都说他把冷板凳坐热了。

能力再强、境遇再好的人也不可能一辈子一帆风顺，为什么会坐冷板凳呢？这里有很多种原因：

1. 个人能力不足

因个人能力不足，只能做一些无关紧要的事，但也还没有到必须开除的地步。

2. 老板或上司有意考验你

人要做大事必须有面对挑战的勇气、耐心，还要有身处孤寂的韧性。有时要培养一个人，除了让他做事之外，也要让他无事可做，一方面观察，一方面训练。这种考验事先不会让你知道，知道就不算是考验了。

3. 人事斗争的影响

只要有人的地方就有斗争。在私人公司，老板也会受到员工斗争的影响，如果你不善于斗争，那么就很有可能莫名其妙地失了势，坐起冷板凳来。人说"时势造英雄"，很多人的崛起是由环境所造成的，因为他的个人条件适合当时的环境，可是当时过境迁，英雄便无用武之地，这时候你只好坐冷板凳了。

4. 曾犯过重大错误

在社会上做事不比在学校，失败也不会怎么样，在社会上做事一旦犯了错误，便会让你的上司和老板对你失去信心，因为他不可能再次用他的资本或职位来冒险，所以只好暂时把你"冷冻"起来。

5. 领导者的个人好恶

这是最不幸的一种情况。因为这没什么道理好说，反正上司或老板突然不喜欢你了，于是你只好坐冷板凳了。

6. 你冒犯了领导

人是感情动物，你在言语或行为上如果不经意冒犯了领导，你便有坐冷板凳的可能。

7. 威胁到老板或上司

如果你的能力太强，又不懂得收敛，让你的上司或老板失去安全感，那么你便会受到"冷冻"。所谓"功高盖主"，老板怕你夺走商机去创业，上司怕你夺了他的位置，冷板凳不给你坐给谁坐？

坐冷板凳的原因还有很多，在此不一一列举，而人一坐上冷板凳一般很少去仔细思考原因何在，只是整天抱怨。不过，与其在冷板凳上自怨自艾，不如调整自己的心态，好好地把冷板凳坐热。如何避免坐冷板凳呢？试试如下方法：

1. 强化自己的能力

在不受重用的时候，正是你广泛收集、吸收各种情报的最好时机。能力强化了，当时运一来，便可跃得更高，表现得更亮眼！而在这段坐冷板凳的期间，别人也正好观察你，如果你自暴自弃，那么恐怕要坐到屁股结冰也无翻身的机会了。

2. 建立良好的人际关系

人都有打落水狗的劣根性，你坐冷板凳，别人巴不得你永远不要站起来！所以要谦卑，广结善缘，更不要提当年勇，那是无所助益的，而且"当年勇"也会使你坠入"怀才不遇"的情境中，徒增自己的苦闷而已！

3. 更加敬业，一刻也不疏忽

虽然你做的可能是小事，但也要一丝不苟地做给别人看。别忘了，很多人正冷眼旁观打你的分数呢！从都好锦上添花，当你把冷板凳坐热，你自然会得到很多赞美和掌声，成为人人敬佩的勇者。如果坐不住冷板凳，那么你就被人看轻了。

4. 当你遭遇困境时，想想大目标

为了大目标一切都可以忍，小不忍则乱大谋！千万别意气用事，挥洒你如怒火岩浆般的情绪，而"忍"不管对你的大目标有多少助益，对你本身绝对是有好处的。忍闲气、忍嘲弄、忍寂寞、忍不甘、忍沮丧、忍黎明前的黑暗，终究会等到柳暗花明的那一天。

总之，只要你为自己定了一个目标，在内心里有一个强大的信念，并坚信一定能实现，那么，即便再冷的板凳你也能坐热！

别怕开口，沟通是人际关系的润滑剂

社会中，人人都希望关系融洽，沟通无障碍。那么如何建立良好的人际关系呢？其关键步骤就是通过恰当的交流，达成与对方的情感沟通。

鉴于沟通在人际交往中的重要性，我们有必要对传统的"距离产生美"的观念产生怀疑，至少在人际交往中，"美"与"距离"在一定条件下是成反比的——就像数学中的公式一样，在 S（距离）≥ N（双方的最佳距离）时，距离越远，美越少，隔阂越大。所以，在 S ≥ N 时，"美"的曲线所对应的距离坐标上可能产生令人意想不到的感情创伤；当 S 到达一定程度后，美也就变成零了。

为了避免出现"美等于零"的不利情况，在与人沟通时，我们需要做到以下几点，以缩短彼此之间的距离。

1. 投石问路

向河水中投块石子，探明水的深浅再前进，就能有把握地过河。与人交流，先提一些"投石"式的问题，在略微了解对方的习性后再有目的地进行交谈，便能谈得更为自如。

2. 缩短距离

与人交往时，应该在缩短对方的距离上下功夫，力求在短时间内了解对方更多些，缩短彼此距离，力求在感情上融洽起来。与别人尤其是陌生人交谈时，要想达到投机的目的，就要在一见如故上做文章，这也有不少方法：

适时看准情势，不放过任何一个说话的机会；适时插入交谈，适时的"自我表现"，能让对方充分了解自己。

借用媒介，寻找自己与陌生人之间的媒介物，以此找出共同语言，缩短双方距离。看到不认识的人拿着东西或带着人或宠物后赞美几句，以激起对方兴趣，也会对顺利交谈有所帮助。

留些空缺让对方接口，使对方感到双方的心是相通的，交谈是和谐的，进而缩短距离。因此，和人交谈时千万不要把话讲完，不要把自己的观点讲死，而应该敞开心扉，与对方深入探讨。

3. 循趣入题

探明对方的兴趣，循趣发问，能顺利地进入话题。

同时，引发话题的方法还有"借事生题法""即景出题法""由情入题法"等。可巧妙地从某事、某种情感，引发一番议论。引发话题，类似"抽线头""插路标"，重点在引，目的在导出对方的话茬儿。

4. 即兴引入

巧妙地借用某件事为题进行交谈。善于借助对方的某一情况，即兴引出话题，常常能取得好的效果。"即兴引入"法的优点是灵活自然，就地取材，其关键是要思维敏捷，能作由此及彼的联想。

5. 中心开花

面对许多人时，要选择众人关心的事件作为话题，在谈话中提出大家想谈的热点话题，以致引起许多人的议论和发言，导致"语花"飞溅。

除此之外，通过沟通，我们还应该把自己的形象"刻在别人的心上"。要想做到这一点，就应该从以下几点入手：

1. 说一百句话，不如用力握手一次

握手往往比语言交流更能增进彼此的亲密感，并且缩短与对方的距离。

2. 接名片时念一遍

这样做可以让人感到你正在努力认识并记住对方，从而增加对方的好感。

3. 以全名向人打招呼

让对方记住自己的姓名，是建立人际关系的起跑点。所以，碰面时立即想起对方的全名，必然能增进彼此的亲密感。

4. 记住对方的生日

这样做能够让对方感觉到你对他的重视，而互相尊重是人际交往的基础。

5. 见面 10 分钟内开口

必须在见面 10 分钟之内消除彼此的陌生感，否则很难创造一个良好的沟通气氛。

6. 当面记下时间或电话号码

这样做可以让对方感觉你是一个"重视与我约会的人"，由此对你的依赖感也会随之上升。

正所谓"灯不挑不亮，话不说不明"，沟通就像"润滑剂"一样，它能够实现人与人之间的情感交流，更能够消除误会、减少磨擦，人际关系也会更融洽。

勇气不是不畏惧，而是即使畏惧还能坚持下去

在不幸面前，有没有坚强刚毅的性格，在某种意义上说，也是区别伟人与庸人的标志之一。真正的勇者，不是什么也不怕，而是即使心里害怕也能坚持下去。

在生活的海洋中，事事如意、一帆风顺地驶在彼岸的事情是很少的。学习上遇到困难，工作中受到挫折，生活上遭到不幸，事业上遭遇失败，这些都有可能发生。当不幸的命运降临时，我们应当怎么办？

唉声叹气，自叹"时运乖舛"，自认倒霉，这是一种态度。在打击和磨难面前，仅仅停留于无休止的叹息，不会帮助你改变现实，只会削弱你和厄运抗争的意志，使你在无可奈何中消极地接受现实。

悲观绝望，自暴自弃，这也是一种态度。一遇挫折就悲观失望，承认自己无能，这是意志薄弱、缺乏勇气的表现，也是自甘堕落、自我毁灭的开始。用悲观自卑来对待挫折，实际上是帮助挫折打击自己，是在既成的失败中又为自己制造新的失败，在既有的痛苦中再为自己增加新的痛苦。

怨天尤人，诅咒命运，这又是一种态度。现实总归是现实，并不因为你埋怨和诅咒它而有所改变。遇到不幸的事，就恶语诅咒、怨天尤人，这是最容易的，但却是最没有用处的。埋怨和诅咒人人都会，但从埋怨和诅咒中得到好处的人却从来没有。事实上，在诅咒之中，真正受到伤害的并不是诅咒对象，而是诅咒者自身。

巴尔扎克说："苦难对于一个天才是一块垫脚石，对于能干的人是一笔财富，而对于庸人却是一个万丈深渊。"有的人在厄运和不幸面前，不屈服、不后退、不动摇，顽强地同命运抗争，因而在重重困难中冲开一条通向胜利的路，成了征服困难的英雄，掌握自己命运的主人。而有的人在生活的挫折和打击面前，垂头丧气，自暴自弃，丧失了继续前进的勇气和信心，于是成了庸人和懦夫。培根说："好的运气令人羡慕，而战胜厄运则更令人惊叹。"

生活中，人们对于那些冲破困难和阻力、经受重大挫折和打击而坚持到底的人，其敬佩程度是远在生活的幸运儿之上的。征服的困难愈大，取得的成就愈不容易，就愈能说明你是真正的英雄。曾经，当接连不断的失败使爱迪生的助手们几乎完全失去发明电灯泡的热情时，爱迪生却靠着坚韧不拔的意志，排除了来自各个方面的精神压力，经过无数次实验，终于为人类带来了光明的电灯。在这里，爱迪生的超人之处，正在于他对挫折和失败表现出了超强刚毅精神。

性格的刚毅性是在个人的实践活动过程中逐渐发展形成的。如果你想培养自己承受悲惨命运的能力，你可以学着在自己的生活中采用下列技巧：

1. 下定决心坚持到底

局面越是棘手，越要努力尝试。过早地放弃努力，只会增加你的麻烦。面临严重的挫折，只有坚持下去，加倍努力和加快前进的步伐。下定决心坚持到底，并一直坚持到把事情办成。

2. 不要低估问题的严重性

要现实地估计自己面临的危机，不要低估问题的严重性。否则，去改变局面时，就会感到准备不足。

3. 做出自己最大的努力

不要畏缩不前，要使出自己全部的力量，不要担心把精力用尽。

成功者面对危机时，总能做出更大的努力，他们不去考虑疲劳、筋疲力尽这些消极因素。

4. 坚持自己的原则立场

一旦你下定决心要冲向前去，要像服从自己的理智一样去服从自己的直觉。顶住家人和朋友的压力，采取你所坚信的观点，坚持自己的立场。是对是错，现在就该相信你自己的判断力和智慧了。

5. 生气是正常的但要避免

当不幸的环境把你推入危机之中时，生气是正常的。这时，你需要明白，一方面自己对造成这种困境负有什么责任；另一方面，你是有权利为解决问题花了那么多时间而恼火的。但是，生气绝对是在拿别人的错误惩罚自己，无论如何都该心平气和。因为生气解决不了任何问题，还有可能让事情变得更糟。

6. 不要想一次解决所有的问题

当经历了一次严重的危机或像亲人去世这样的打击之后，在你的情绪完全恢复以前，要满足于每次只迈出一小步。不要企图当个超人，一下子解决自己所有的问题。要挑一件力所能及的事，先把它处理好。而每一次对成功的体验，都会增强你的力量和积极的观念。

7. 找个人来安慰你

无论局面好坏，失败者总是一味地抱怨不停。结果当危机真的来临时，人们很少会信以为真和安慰他们，因为人们已经习惯了他们的消极态度，就像那个老喊"狼来了"的孩子一样。但是，如果你是个积极的人，平时能很好地应付自己的生活，那么，在困境中，你可以放心地把自己的懊悔和恐惧告诉别人，给别人以安慰你的机会，你理当得到这种支持，而且对于自己这种请求，你完全可以感到坦然。

8. 坚持不懈不断尝试

克服危机的方法不是轻易就能找到的。然而，如果你坚持不懈地寻求新的出路，愿意不断尝试，你就能找到出路。要保持头脑的清醒，睁大眼睛去寻找那些在危机或困境中可能存在的机会。与其专注于灾难的深重，不如努力去寻求一线希望和可取的积极之路。

所以，即使你身处混乱与灾难，即使你心存畏惧，也要坚持下去。它将把你引到成功的方向。

挥动自信的镐，让自己看起来像个精英

"相信自己能成功的人，最后一定会走向成功"，这是成功学中的一句名言。自信的概念非常简单，就是指自己相信自己。这里的相信自己，包括一个人对自己的力量和能力（包括潜能）有正确的认识和充分的评价，以及相信自己有能力实现自己的愿望。

一个拥有强烈自信心的人，必定对自己的价值和能力十分肯定，特别善于挖掘自己的长处和优点；而一个缺乏自信心的人，则永远都在否定自己中生活，他们从来看不到自己的长处，看到的只是自己比不上别人，自己没有别人成功，也不具有成功的"品质"。其实，他们不知道，自信心作为一种稳定的心理品质，才是一个人成长成才最重要的心理品质。一个人要想事业成功，其先决条件是要有强烈的自信心。试想一下，如果你连自己都不相信自己、不认同自己的能力，那又如何去挖掘属于你的"金矿"呢?

科学家曾经做过这样一个实验：把跳蚤放在桌上，一拍桌子，跳蚤迅即跳起，跳的高度均在其身高的100倍以上，堪称世界上跳得最高的动物！然后将跳蚤用一个玻璃罩罩住，再让它跳。这一次跳蚤碰到了罩顶。连续多次后，跳蚤再也跳不到罩顶的高度。接下来逐渐降低玻璃罩的高度，跳蚤都在碰壁后主动改变自己的高度。当玻璃罩接近桌面时，跳蚤已无法再跳了。最后把玻璃罩打开，再拍桌子，跳蚤仍然不会跳，变成"爬蚤"了。

跳蚤变成"爬蚤"，并非它已丧失了跳跃的能力，而是由于已

经适应了自己调整的高度，习惯了，麻木了。最可悲之处就在于，实际上玻璃罩已经不存在，它却连"再试一次"的勇气都没有。因为玻璃罩已经罩在了它的潜意识里，形成了一种"思维定势"。行动的欲望和潜能竟被自己扼杀！科学家把这种现象叫作"自我设限"。

不仅跳蚤如此，人也如此。如果将这种思维定势带到生活和工作中，必定会对生活和工作丧失信心，成为现实中的"爬蚤"，不但自己不能前进，还影响团队的整体实力。

有一位哈佛大学的毕业生，他所从事的工作也许令人感到十分意外——他竟当了十几年的搬运工！

他的理由是："这么多年来，我已经把学过的那些东西忘得差不多了，而且没有什么经验，谁还会要我呢？"于是他一直在当搬运工，因为这至少够他吃喝。但天不遂人意，在公司由于经营方面的原因开始裁减员工时，这位大学生首当其冲，连搬运工都做不成了。

老板在谈及裁他的理由时说："像这种有吃有喝就满足了的人，根本创造不了什么大的价值，他的存在与否对公司无足轻重。"

缺乏自信的人，即使付出再多的劳动，到头来也只能在半途而废和自怨自艾中一事无成。相反，**如果你能够保持积极的心态，那么，在追求某种目标时，即使举步维艰，你仍然有所指望。事实也证明，当你往好的一面看时，你便有可能获得成功。**

张海迪，这个被誉为"中国的保尔"的女性，在她五岁的时候因为患脊髓血管瘤造成了严重的高位截瘫，她胸部以下全部失去了知觉。但是，张海迪身残志坚，对生活、对人生充满了信心和希望。

张海迪没有进过一天学校的大门，可是，她通过自学掌握了三门外语，而且以优异的成绩获得了哲学硕士学位；虽然是个病人，可是她用刻苦学习到的医学知识和技术，为其他身患疾病的人治病达一万次之多；轮椅上的生活束缚的仅仅是她的躯体，她的精神是向往自由的，她用手中的笔创作出了《轮椅上的梦》《绝顶》等出色的文学作品。

在残酷的命运面前，张海迪没有沮丧和沉沦，她时刻都激励自己和别人："即使翅膀断了，心也要飞翔。"

这种顽强的斗志在她柔弱的生命里凝结了最高傲的坚强，连命运也不得不屈服在她的脚下。

信心的力量是惊人的，它可以改变恶劣的现状，达成令人难以置信的圆满结局。你应该试试下面这个树立自信心的方法：

首先，我知道自己有能力达到生活中的主要目标，所以，我要求自己为实现这个目标而持续不断地努力，我现在就在此地保证，一定要采取这样的行动。

其次，我的主要思想最后将自行表现在实际行动上。我每天要花 30 分钟时间集中思想，思考我要变成什么样的人。这样我将有意识地创造出一个明确的心理影像。

第三，我知道通过自我暗示，我意识中一再的任何欲望最后终将以某种实际的方式得到实现。所以，我每天要花 10 分钟时间，要求自己培养"我能实现心愿"的自信心。

第四，我已经清楚地写下一篇声明，描述我生活中明确的主要目标。我要不停地努力，直到我形成实现这个目标的充分自信为止。

第五，我充分了解，除非是建立在真理和正义之上，否则任何财富或地位都将无法长久。

所以，我不会做对他人或社会不利的事。我将把我希望使用的力量集中到我身上，并争取其他人的合作以获得成功。由于我立志于替其他人服务，我将吸引其他人来替我服务。**我要消除憎恨、嫉妒、**

自私及猜疑，培养出对所有人的爱心。因为我知道，对其他人抱着消极的态度，永远不会使我获得成功。我能使其他人相信我，因为我相信他们以及我自己。

第六，我将在这份声明上签字，下决心把它背下来，并且每天大声朗读一遍，充分相信它能逐渐影响我的思想与行动，使我成为一个自信而成功的人。

心理学的调查充分证明，长期扮演自己心中的角色，不久就会真的实现这种理想。而这一奇迹的实现，正是自信心作用的结果。你不断地用充满希望和期待的话与潜意识交谈，沉睡在你的潜意识中的愿望就会被你唤醒、被你说服，你实现愿望就会变得顺理成章。

自信在任何时候都能够左右一个人的思维和行为，每一个不得志的人都十分有必要扪心自问："今天，我挥动自信的镐了吗？"

不怯场：怕，就会输一辈子

Part3 拒绝拖延

件件都做好，还有什么可怕

合抱之木，生于毫末；九层之台，起于垒土；千里之行，始于足下。

——老子（春秋）

何时开始都不晚，重要的是开始了就不要停止

为什么有的人成功了，有的人失败了？当初都曾豪情满怀，激情四射，梦想无边，为什么最终的结果却大不相同？其实，成功者与失败者只差两个字——坚持。

有人说，即使你很笨，在一个行业做久了，你就能成为这个行业的专家。因此，想要成功，必须克服有始无终的行为。要想干成一件事情，定要咬紧牙关，坚持到底，才是我们应遵循的做事宗旨。

一个做事没有恒心的人，往往会半途而废。半途而废是成功者之大忌。任何事情的完成都不会一帆风顺，总会有许多挫折困难，只有保持持之以恒的决心，坚定不移地贯彻始终，才能最终到达成功的彼岸。若遇到困难便止步不前，甚至放弃，只会无缘摘取成功之果，而曾付出的时间与精力也化为乌有，实在是有百害而无一利。

古时候有一个叫乐羊子的人，告别妻子在外地求学，但学问的艰深、求学的清苦使他感到乏味得很。想着家里美丽的妻子、舒适的房舍，他在私塾待了一年后终于决定弃学返乡。想到妻子惊喜的表情、温暖体贴的招呼，他便觉得格外的兴奋，脚步不由更快了。渐渐地，熟悉的房舍出现在眼前，炊烟正袅袅地升起，他赶紧几步跑到门前，叩响了门环。

"谁？"屋里的织布声停了，传来妻子熟悉的声音。

"我呀！"乐羊子高兴得大叫起来。

屋子里出现短暂的沉默，"吱呀"门开了，露出妻子惊喜而略

带诧异的脸。当她看到乐羊子那沉甸甸的行装，脸上的笑容消失了，她似乎猜到了什么。

乐羊子一步跨进门里，放下包袱，环视了一眼干净、舒适的屋子，便高兴地嚷嚷起来："终于回来了，可算回来了。"

但妻子的表情似乎有些冷淡，她默默地看着他，终于开口道："不是要三年才能回来吗？" "我想家，所以便回来了。"

"住几天？"

"再也不走了。"乐羊子手一挥，感觉很痛快，想到那清冷的私塾、老师那严厉的面孔从此便远离自己，真有大松一口气的感觉。

妻子没说什么，只是拿出一把剪刀，乐羊子诧异地盯着她，只见她走到织布机边，"咔嚓"一声便将织布机上停着的一匹布剪断了。乐羊子大叫起来，真是太可惜了！这是一块图案精美的花布，只差一点就要完工了，可妻子这么横刀一剪……

"这本是一块快要完工的布，但我剪断了它，它便成了一块废布。"妻子说，"求学的道理也是一样。若能坚持到底，付出艰苦的努力，就能成为一个有用的人；但若中途停下来放弃攻读，就会前功尽弃，如同这块废布一样，成为一个毫无用处的人。"

"这……"乐羊子嗫嚅着。

"再过几年，你的同学学业有成便可报效国家建功立业了，而你却仍是碌碌一白丁，终日干些琐碎的事，一辈子又能有什么出息呢？"

乐羊子低头不语，他感到非常羞愧，自己的见识还不如一女子。若不是妻子谆谆教诲，自己岂不是虚掷年华，成为一个无用之人？想到此，他便打起行装，决心回到私塾去完成学业。

再看一个外国名人的故事。诺贝尔 1833 年出生于瑞典斯德哥尔摩一个发明家的家庭，通晓俄文、瑞典文，还有英、法、德文。

在圣彼得堡，他初次见到硝化甘油，硝化甘油的爆炸性引起他极大的兴趣，从此，他便开始对炸药进行艰苦的研究。

诺贝尔努力寻找硝化甘油爆炸的引爆物，经历了许多失败，以至于他的父亲和哥哥嘲笑他固执。他不急躁，不灰心，耐心地分析失败的原因，经过锲而不舍地反复试验和细致分析，诺贝尔终于发现了用少量的一般火药导致硝化甘油爆炸的方法，由此他第一次获得了瑞典专利权。

1867年秋，他开始用硫酸汞做引爆剂，失败了几百次。成功的那一天，"轰"的一声巨响，诺贝尔的实验室被送上了天，他自己也被炸得鲜血淋淋。他以鲜血为代价换得了成功，由此，他发明了雷管。

更可怕的事情发生在斯德哥尔摩，诺贝尔住宅附近的实验室。硝化甘油爆炸事故使从事实验的5个人死于非命，诺贝尔当时不在实验室，得以幸免于难。这次事故，使他极为悲痛，对他的毅力和理智都是一次严峻考验。许多人开始对他的研究进行责难，连亲人也劝他放弃这危险的实验，但诺贝尔绝不愿半途而废，他决心完成对硝化甘油在爆破工程上实际应用的研究，使炸药能更好地为人类造福。在他不懈的努力下，硝化甘油终于可以用于实际的应用，并很快有了广泛的市场。

世界上没有什么事是做不了的，没有什么困难是不能克服的。乐羊子在其妻的帮助下，刻苦攻读，成为一代大学问家；诺贝尔历经千难万险仍坚持研究，终成一代科学伟人。试想乐羊子当时若放弃了学业，最终只会成为碌碌无为的平庸之辈；而诺贝尔若在困难面前退缩了，也不会研制出对人类生活产生巨大影响的安全炸药。可见，你若战胜了困难，就会使自己的人生向前迈一大步。若被困难吓倒了，退缩了，将终生一无所成。

做什么事若想成功，既要克服畏难思想，树立无坚不摧的信念，又要讲究方法，选定一个目标，锲而不舍。有一则民谚说出了这个道理：老虎和绵羊简直不可比拟，虎落羊群，羊儿四散溃逃，老虎只盯一只追，虎累羊也累，被追杀者没有喘息的机会，可以说追杀者是十拿九稳；如果没有固定目标，那么每一只羊都会精力充沛地逃生，而老虎却因不停地转换目标而耗费体力，结果可能一只羊也追不上。

所以，要想干成一件事情，何时开始都不晚。只要你咬紧牙关，坚持到底，就一定能收获成功带给你的惊喜。

必要时请耐心等待，心急吃不了热豆腐

在生活中的不幸面前，有没有耐力，有没足够的耐心，在某种意义上说，也是区别伟人与庸人的标志之一。

人生就像一个百味瓶，酸甜苦辣就如生活的作料。无论你在职场拼搏还是在商场挣扎，都需要坚守一份发自内心的从容。

大多数人都向往着蜜罐似的生活，在这种安逸、甜蜜的生活状态下，他面带微笑、快乐地生活着。可是生活不可能停留在一种状态，当生活的急转弯出现时，如果没有坚强的性格、积极的人生观，很容易一蹶不振。所以，无论我们品尝到生活给予的哪一种味道，都是上天的恩赐。

大家都知道，在休闲时光里，最能磨练人性子的恐怕就是钓鱼了。钓鱼时手握鱼竿，独坐在钓鱼台前，不需费尽心思，专等"愿者上钩"即可，这种意境让人心旷神怡。生活中的一切烦恼，早已抛到脑后，心情会一下子豁然开朗。钓鱼可谓是修身养性、防治疾病和增强体质的最佳休闲方式。

佛家修身养性讲究静，钓鱼也讲究一个"静"字。钓鱼时你要能耐得三分静，有耐心地等待鱼儿上钩，要能够冷看鱼漂起伏，静观竿梢颤动。如果你心浮气躁，永远也不会钓到鱼，你必须忘我，必须全身心放松，必须任凭风浪起、稳坐钓鱼台。此时，你心如止水、似眠非眠，哪里还有什么名利、是非之争啊？

钓鱼讲究一个火候，讲究恰到好处，讲究一点"中庸之道"。

钓鱼时竿提早了，钩子还未被鱼吃进嘴不行；提晚了，吃进鱼嘴的钩子又被吐出来也不行。

钓鱼不仅可以让人忘却烦恼、放松身心，而且可以锻炼心性。脾气急躁者钓不得鱼，因为他们耐不得寂静；心胸狭窄者钓不得鱼，因为身旁的人钓到鱼会让他们嫉妒，让他们心中起波澜；贪婪吝啬者钓不得鱼，因为他们只想钓到更多更大的鱼，却不想下大鱼饵，他们满脑子想的是鱼，最后却钓不到鱼。真正的钓鱼高手，是不为钓鱼而钓鱼的人，他们图的是个过程、是种体验，正所谓"钓翁之意不在鱼"。

钓鱼如此，为人处事更需如此。这就要求我们在人际交往中，努力培养良好的交际性格。做事要有耐心，切勿心急气躁。

要想在和别人相处的过程中获得成功，得到更多的朋友，首先需要具备的就是好的性格。但是相当数量的人发现自己的性格很暴戾，脾气很暴躁，极易和别人产生摩擦，这种不良的性格对以后的学习、交往、工作等都会造成很大的障碍。要想矫正这种不良性格表现，改变暴躁的脾气，就需要注意以下几点：

首先，充分认识暴躁易怒的危害性。在生活中我们常常看到，因为一些不足挂齿的小事而发怒，最终导致后悔莫及，所以发脾气并不能使问题得到解决，反而会增加新的矛盾。

其次，学习一些克制暴躁脾气的好方法。如在家或是办公桌上贴上制怒的标签，时刻要冷静。如果有的事情或人有充足的理由使我们发怒，这种情况下不妨坦率地把心中的不满情绪释放出来，你就会发现心里会爽快一点儿。也可转移目标发泄出来，比如去干别的事情，找人谈谈心、散散步，或者干脆到操场上猛跑几圈，这样可将因盛怒激发出来的能量释放出来，心情就会平静下来。也可以用一个小本子专门记载每一次发脾气的原因和经过，通过记录和回忆，在思想上进行分析梳理，定会发现有很多脾气发得毫无价值，以后怒气发作的次数就会减少很多。

另外，换个角度考虑问题，体谅他人感受。做人应当有必要的涵养，即容人之量，不要总是指责怪罪别人。为区区小事而对别人发脾气，是极不礼貌的行为。

心急吃不了热豆腐、心急做不成大事业。一个人有多大的耐心，就能成就多大的事业。这一点千真万确。

生下来就要活下去，行动不要停止

很多人都会不自觉地发问：生活是什么？人为什么而活？什么样的人生才有意义？凡此种种，没有统一的答案。然而，却有一个不可争辩的事实，那就是：没有人生下来就能所向披靡，人生的意义只有在勤奋中才能创造奇迹。

一个渴望成功的人，当他将自己最初的梦想化作强烈的欲望的时候，当他进而将这种梦想和欲望转化为生命中无法或缺的心理动力，并在心灵深处形成一种无时不在的自我激励机制时，它所产生的伟大力量，无论你用什么样的语言去形容都不为过。

勤奋能产生奇迹，皮尔·卡丹的奋斗史就说明了这个道理。

皮尔·卡丹从小就对服装感兴趣，即使是在最贫困的时候。他的父亲——一个贫困的意大利农民带着妻子和7个孩子背井离乡去法国的圣莱第昂谋生时，他才刚满两岁。他是被母亲用一块蓝被单裹着离开家乡的。

他生活在天天都要为吃饭与穿衣的事而发愁的家庭里，却偏偏对各式各样的服装感兴趣。

童年的时候，他喜欢在街上游逛，时装店里多姿多彩的时装常常使他流连忘返。他的耳边经常传来这样的斥责和嘲讽：

"滚开，穷鬼！你也来看时装？"

"小意大利佬，买套时装去送给小情人吧，哈哈……"

然而，一个梦想却在他幼小的心中升腾："以后，我也能做各种各样的时装，做出许许多多好看的时装。"

到了念中学的时候，由于贫困和年迈多病，皮尔·卡丹的父母再也无法维持这个家庭了。皮尔·卡丹不得不从中学退学去做工，他的选择是去裁缝店当小学徒。

梦想、天才、勤奋，使皮尔·卡丹的技艺很快就超过了师傅。他经常别出心裁地设计出一些新颖的服饰，很受当地小姐的青睐，常常有人找上门来请他设计时装。他不仅白天当裁缝，搞设计，晚上还到一个业余剧团当演员，以便更好地观摩和研究各种新奇高雅、绚丽多彩的舞台服装，这对他未来的设计风格产生了深远的影响。

这时候的皮尔·卡丹在当地已小有名气。然而，他清楚地知道自己想要的是什么。他并不是想当一名制衣匠，他的梦想是当一个"时装设计大师"。

他下决心要去世界时装艺术的中心巴黎闯荡一番。然而，初闯巴黎的尝试却失败了。

当时正是第二次世界大战刚刚拉开序幕的时候，巴黎乌云密布，所有的时装店都关了门。皮尔·卡丹随着逃难的人流，从巴黎流落到一座小城里，他几经周折，总算找到一家服装店安定下来。几年以后，他又成了这家裁缝店里最出色的裁缝。生计有了着落，但皮尔·卡丹却越来越苦恼，他觉得在这里待得越久，离巴黎就越来越远。他不甘心自己的梦想变得越来越渺茫。

有一天，他遇到一位同样因战争流落至此的贵妇人。贵妇人对他身上高雅奇特的服装很感兴趣，听说这是他自己设计制作的，她更是十分惊讶。皮尔·卡丹向她述说了自己的苦恼和梦想，贵妇人不由得感叹说："孩子，你一定会成为百万富翁，这是命中注定的。"这预言更激起了他心中压抑已久的激情和愿望。皮尔·卡丹带着贵妇人提供的地址，再次来到了巴黎城。

　　他按照贵妇人提供的地址找到了巴黎爱丽舍宫对面街上的女式服装店。这是一家专为大剧院设计缝制服装的颇有名气的服装店。凭着他高超的技术和对舞台服装的独到的见解，老板毫不犹豫地收下了他。

　　在那里，皮尔·卡丹潜心工作，对高级服装的制作有了更成熟的经验。

　　服装店开始为法国先锋派电影《美女与野兽》设计服装，皮尔·卡丹参与了这次设计制作。他为角色设计的一套刺绣绒服装使角色在影片中大放光彩，也使皮尔·卡丹一举成名，成了巴黎服装界引人注目的新星。

　　从此以后，皮尔·卡丹开始不断地激励自己去追逐和实现自己的梦想。他曾为当地最负盛名的时装大师夏帕瑞当过助手，也曾为被尊为时装界领袖的迪奥当过助手。终于在1949年，他以自己多年的积蓄办起了一家小公司。4年后，他的第一家服装店正式开张了。

　　皮尔·卡丹不仅要圆自己的梦，而且要使这个梦想日益完美，在他的生命中日益放射出夺目的光彩。他要以不断创新、不停地标新立异来确立他作为一个最成功的时装设计大师的地位。

　　他设计的时装千姿百态、色彩鲜明，充满浪漫情调，很合巴黎人的口味，再加上配有音乐伴奏的时装表演，使他的时装更富有魅力。

　　他不失时机地提出了"时装大众化"的口号，把设计重点放在一般消费者身上，让更多的人买得起、穿得起。这个口号成了巴黎时装界的一个历史性的突破。皮尔·卡丹源源不断地推出风格高雅、质地适宜、价廉物美的时装，深受中产阶级妇女的欢迎，这使他的时装店天天门庭若市。

　　他大胆的离经叛道的创举，招致了法国保守的时装界同行的攻击，但皮尔·卡丹却我行我素，继续进行他的"时装革命"。他说："我已被人骂惯了。我的每一次创新都被人抨击得体无完肤，但是那些骂我的人，接着就会去做我做过的东西。"

法国时装从来就是女性的天下，皮尔·卡丹却推出了色彩明快、线条简洁、雕塑感强的男性服装。此举又一次在巴黎引起轰动。

他设计的系列童装更是怪诞离奇，极富想象力，从而迅速地占领了欧洲市场。

皮尔·卡丹得意地说："我曾立下诺言，等我创业以后，我的服装不仅能够穿在温莎公爵夫人身上，同时她的门房也有能力购买。"他确实实现了他的梦想。

皮尔·卡丹在经营上也是新招迭出，令人目不暇接，他不遗余力地在全球拓展他的品牌和他的商业帝国的疆域。他的成功之梦似乎永无止境……

这故事，应该能给我们太多太多的启示。

一个渴望成功的人，当他将自己最初的梦想化作强烈的欲望的时候，当他进而将这种梦想和欲望转化为生命中无法或缺的心理动力，并在心灵深处形成一种无时不在的自我激励机制的时候，它所产生的伟大力量，无论你用什么样的语言去形容都不为过。所以，任何时候都不要轻言放弃，更不要轻易停止。

别担心没准备好，现在就着手去做

"我还没准备充分，现在不能开始。""再等等吧，看情况吧！""看看再说吧"……生活里时常听到这样的言语。人生苦短，其实很多事是不能等的。我们需要深思熟虑，但也不能畏首畏尾，这样只能使自己养成拖延的习惯，止步不前。

一定不要把今天能做的事推到明天做。记住：现在做意味着成功；将来做意味着失败。

"拖延是人的本性，几乎每个人都有拖延的习惯。"当产生这种想法的时候要立即转变思想。

这就是拖延的根源，如果已经设定了期限，就不会拖延，而且，那个期限如果是个一定要完成、无法再变动的时间，这样一来，就没有拖延的借口了。

仔细思考一下，拖延的事情迟早要做，为什么要等一下再做？现在做完等一下可以休息，有什么不好？现在休息，也许等一下要付出更大的代价。

想想在日常生活当中，有哪些事情是你最喜欢拖延的，现在就下定决心将它改善。

从最简单的事情开始，当你可以激发自己的行动力的时候，你会非常有冲劲，会非常想去完成一件事情。

当事情不如意时，一定是你没有掌握正确的方法；当完成的速度不够快的时候，一定是你使用的策略不对。

当你开始拖延的时候，一定是你的优先顺序没有排列对，因为你不知道这件事有多重要。

凡事掌握其根源，必定会得到非常大的收获和成效，不管你现在要做什么事，请立刻行动。

"现在"等于成功，"以后"等于失败。"现在"是成功的象征词，"明天""下星期""以后""某些时候""某天"是失败的象征词。许多很好的想法因为"我将来某一天开始"而成为泡影，所以我们应该"现在就开始，就在现在"。

一位大学生准备晚上 7 点开始学习。但因晚饭吃多了，所以决定看一会儿电视。看一会儿，结果看了两个小时，因为电视节目很精彩。晚上 9 点，他坐在桌前正准备看书，突然又想起来要给朋友打一个电话。一聊又是几十分钟（他一天没跟他的朋友聊了）。

一个晚上的时间就这样不知不觉溜走了。到了夜间 11 点多钟，他打开了书，但又太累了，集中不了精神。最终，他还是去睡了。

他一直没有能够坐下来看书，因为他花的准备时间太长了。这种"过分做准备工作的人"不计其数。一些推销员、经理、家庭主妇——他们在开始工作之前总是先聊天、削铅笔、读报纸、擦桌子、泡杯茶，然后再开始工作。

有一种方法可改掉这种习惯，即告诉自己："我此时此刻已经一切就绪了，可以开始工作了；我拖延时间什么也得不到，我要把'准备'的时间和精力用到开始工作上去。"

要想实现理想，我们必须督促自己养成马上行动的好习惯。佩恩曾说：一个人，正如一个时钟，是以他的行动来定其价值的。

是什么妨碍了我们在工作中取得成就？一位自我管理专家在回答这个问题时说："如果拿这个问题来问大多数经理人，我们听到的回答几乎千篇一律：时间不够用，物力、财力等资源日益缩减，找不到机会。但是，如果你对他们进行更深入的了解，就会发现这些大都是借口。"

大部分的人都太喜欢拖延了，他们不是做不好，而是不去做，这是导致失败的最大的恶习。不行动，怎么可能会有结果呢？

你想成功、想赚钱、想弄好人际关系，可是从不行动；想健康、有活力、锻炼身体，可是从不运动；知道要设目标、定计划，但从来不去做，就算设了目标、定了计划，也不曾执行过；要早起、要努力，可是就是没有行动力；知道要推销，可是从不拜访顾客。就这样，很多人一天一天抱着成功的幻想，染上失败者的恶习，虚度着光阴。

每一个成功人士都是行动家，不是空想家；每一个赚钱的人都是实践派，而不是理论派。立即行动，从现在起要养成马上行动的好习惯。

马上行动是一种习惯，是一种做事的态度，也是每一个成功者共有的特质。

宇宙有惯性定律。什么事情你一旦拖延，你就总是会拖延，但你一旦开始行动，通常就会一直做到底。所以，凡事行动就是成功的一半，第一步是最重要的一步，行动应该从第一秒开始，而不是第二秒。

只要从早上睁开眼睛那一刻开始，你就马上行动起来，一直行动下去，对每一件事都要告诉自己立刻去做。你会发现，你整天都充满着行动力，这样持续三个星期，你就能养成了马上行动的好习惯了。

所以，现在看到这里，请你不要再想了，再想也没有用；你也不要说你还没有做好充足的准备。想要达成的事，就立马着手吧！

必要时当机立断，你才会抢占先机

"快鱼吃慢鱼"的生存竞争已经成为市场竞争的主题，所谓人在市场，身不由己。要想生存下来，必须培养自己抢占先机的能力。同样优秀的人未必同时成功，但是只要你出手比别人早，那么你就是赢家。抢先一步，赢得先手之利是赢得竞争的唯一秘诀。

在竞争激烈的当今世界，速度成为成功与否的关键。比同行更快、更狠，才有胜算。你一定听过这样一个故事：两个人在树林里过夜。早上突然从树林里跑出一头熊，其中一人忙着穿球鞋，另一个人对他说："你把球鞋穿上有什么用？我们反正跑不过熊啊！"忙着穿球鞋的人说："我不是要跑得快过熊，我是要跑得快过你。"

行动就是生存，快速行动就能全面生存。在自然界中，为什么有适者生存的道理？猎豹在猎捕时，除了无与伦比的速度外，头脑是极其清醒的，它要在适当的时机，对准猎物的咽喉果断出击。**也许每次出击在很多时候不会成功，但只要果断迅速出击就会有成功的希望。自然界如此，人类社会同样如此。**

激烈的竞争中，市场主动权永远属于那些"快一步"的人！善于抢先一步的人总能够不断从市场中获得沉甸甸的"金子"，而那些无法驾驭市场的人只能跟在别人后边做艰难困苦地挣扎。

经常听到有人在抱怨市场不景气，埋怨自己运气不好，可是无论什么时候，即使真的遇到行业市场不景气的情况，仍然有一些企业获取较好的经济效益；市场大好时，也仍然有一些企业经营不善、举步维艰。面对这样的现实，我们应该停止埋怨，迅速行动。其实，在竞争越来越残酷的市场中，要想立于不败之地，取决于企业的经营方式，取决于企业家能否在市场中抢占先机，能否在竞争中始终保持主动。

在这个信息爆炸的社会，谁能抢先一步获得信息、做出应对，谁就能捷足先登、独占商机。抢占能力成为占领市场不可缺少的能力之一。

市场抢占速度决定着企业的命运，只有能够迅速应对市场者，才能成为市场的佼佼者。在这"速者成王"的时代，"快速反应"成为企业的基本生存法则。只有做到迅速地应对市场变化，敏捷地抢占市场份额，才能在激烈的市场竞争中立于不败之地。

一项调查研究表明：在发展已经相对成熟的 500 种行业中，第一个进入市场的企业其平均市场占有率达到 29%，早期跟进的企业的平均市场占有率为 21%，而其余平均占有率仅为 15%。

当今，汽车市场竞争异常激烈，各个汽车巨头竞相并购重组，使大的更大、强的更强，其目的便是抢占市场先机。在今后相当长的时间内，世界总的汽车生产能力是相对过剩的。专家估计，在今后几年，过剩汽车将超过 2000 万辆，这就必然迫使汽车企业到原来相对发达的汽车市场之外去寻找新的市场。而中国这个拥有 13 亿人口的大国，成了世界发展潜力最大和最有吸引力的汽车市场之一。所以，中国将是国际汽车企业赢得 21 世纪的"必争之地"。中国本土的汽车企业应该首先抢占住中国市场，才有可能在市场大战中站稳脚步。

翻看人类发展的历史，我们可以轻易地发现很多抢占先机的案例。30 多年前，美国人弗雷德·史密斯最先预测到人类生活节奏的加快将会对运输市场提出更高的要求，于是领先创办了"联邦快递"。

如今的"联邦快递"已是全球最大的快递运输公司，业务遍布200多个国家。东星公司也正是正确判断了我国汽车工业将会蓬勃发展，及时制订实施了汽车空调器发展战略，从而实现了企业的快速发展。市场无情也有情，这些企业再次用自己的实践告诉我们，谁抢占商机，谁就会取得最后的胜利，抢占市场先机是赢得竞争的根本！

每一个时代，都会出现一批善于抢占先机的英才，很自然地，这些人成了这个时代的富翁。他们用慧眼从别人不明白的新事物中发现机会、创造机会，能在别人之前抢占先机，因为他们深谙此理——必要时当机立断，领先一步，才能领先一路！

Part4 直面挫折

不屈从厄运，才能走出困境

世界上的事物永远不是绝对的，结果完全因人而异。苦难对于天才是一块垫脚石，对能干的人是一笔财富，对弱者是一个万丈深渊。

——巴尔扎克（法国）

跌倒也别怕，重要的是赶紧爬起来

很多人既渴望成功，又害怕失败，内心的恐惧让他们裹足不前。常言道：失败是成功之母。没有失败哪来成功？**跌倒并不可笑，在跌倒后勇敢站起，面对失败将自我调整到最佳的状态继续前行，才是最重要的。**

尝过一次败绩你便从此一蹶不振；爱情不如意或工作不顺遂，甚至只是朋友让你失望，你就觉得简直是天崩地裂，如临万劫不复之境，然后只会自怨自艾，这可不是做人处世之道！何况人生哪会总是一帆风顺。

下列为你列出一些面对逆境、克服困难的处世之道：

1. 屡败就要屡战

首先，你应该面对自己的缺点，跌倒了爬起来从头再来。也许说来容易做时困难，可无论怎样，都要好好地想一想这个道理。无论前面有何困难，若想继续前进便要跨过难关——这就是生存之道！

2. 苦楚当作激励

要明白失败算不了什么，应该把它当成是吸取人生经验的一课。专家认为，这种情况之下，你不应只是抱着消极的态度面对。人生遇到挫折比得到成功更能磨炼出坚强个性。失败迫使你自我反省，以免重蹈覆辙。如果人生路上没摔过跤，你会自视过高、自以为是，最后更可能会一败涂地。要知道，人总有一天会犯错误，你不应视障碍为人生的绊脚石。

3. 开创美好明天

只懂得将失败归咎于自己运气不好的失败者才是真正的失败者。你这样不思进取于事无补，已经失去的永远也追不回来，往事已矣，应把它抛在脑后，一心一意努力向前，开创美好明天。

4. 评估新的形势

环顾当前形势，评估将来的变化，然后更要知道怎样接受既成的事实，最重要的是应该实事求是。这样的话，一切已在你掌握之中，有助你重振旗鼓。

5. 做事三思后行

你自觉前面困难重重、如履薄冰，得冒未知之险，那么，应该思前想后推敲种种可能性。毕竟你还有你的才能、朋友，大可另谋出路。因此，即使发生了最坏的情况，你也不至于不知所措，并且很快就能挨过去，拨开云雾，蓝天就在眼前。

6. 多做自我检讨

不要刻意"藏拙"，明知是缺点也不改过。要告诉自己有心不怕迟，有缺点就改。

7. 适当发泄悲伤

若是伤心便放声大哭吧。不管是谁，受到伤害难免会痛心。要重拾新生，势必会经历一段痛苦的过程，可是，这是必然的代价，亦是一个重要教训。

8. 建立起足够的自信

投向另一段感情或开展新工作前，好好重新认识自己，努力重拾自信，重建自尊。不妨细数自己的优点与才能，借此鞭策自己昂首向前，披荆斩棘。

9. 要知己知彼

不要妄想自己有能力改变别人。要别人改变除非人家出于自愿，否则别人不会为你而改的。因此，若明知是一场必输的仗，又何必枉费心机呢？

10. 保持乐观态度

每当遇到挫折时就跟自己说："这不是最糟糕的"。这算不上什么妙法，但至少能自我安慰一番。

11. 懂得自我安慰

另一个极有效的方法是跟自己说："我还活着！就算我的同事、朋友或爱人弃我而去，我也不会因此从地球上消失。"

12. 寻找失败原因

为什么你总是被某类型的男士所吸引？即使他们并不适合你。为什么你老是在同一行业中打转？虽然在那一行你干得并不开心。如果你不明白原因，你便会重复又重复地犯错。换言之，你得找出真相，明白为什么一次又一次地败北；为什么仍然执迷不悟，一而再地陷入同一个困局。

13. 要自强不息

别不断地自我批评。脑海里整日满载这类消极的声音，只会令你意志更消沉。连你自己都不自重自强，别人又怎么会看得起你呢？

14. 学会宽恕自我

把自己与最没指望的那些人相比，你就会活得悠然自得。对自己好一点吧！

15. 勿理会闲言

学习宽恕那些"有眼无珠"的人。他们体会不到你的好只是因为他们对"好"的标准不一样而已，不必为此而怨恨难过。

16. 别乞求怜悯

别妄想摆出一副楚楚可怜相，伤你心的人便会内疚。"你看你把我搞成什么样子，我现在很惨……"你这样哭诉只有使自己更痛苦，心情更难平复。

17. 怨恨抛之脑后

不要把恨意埋藏在心内，应坦然面对怨恨的心情，勇敢面对之后你便会释怀。

18. 要懂得自爱

最重要的还是让自己喜欢自己。有一天，万一有人对你说："对不起，我要离开你，我爱上了别人……"或是"你被开除了，我们已找到一个更能干的人代替你……"你也不至于跌得粉身碎骨。

相信自己，不要受他人影响，不要惧怕失败，不要担心跌倒，当你的目光紧随着目标，迎接你的自然是胜利的欢笑。

068 不怯场

没有成功，是因为没有挫折搭建你的才华

苦难是人生的必修课，任何一个伟大的人的成功无不由辛勤和汗水来浇灌。成功的路上并不拥挤，因为很少有人能战胜挫折，坚持下去。

有时候，积极思考的力量就像挖土机一样，当遇到障碍物的时候，为了要达到目的就要把障碍物挖走，因此，积极思考的力量是我们前进时不能缺少的力量。

有很多人走别人铺好的路，也有很多人被别人拉着往前走，这类人因为跟随在别人的后面，所以不会有危险，不过，他们也不会有很好的机会。世界上，有的车是在已经铺好的路上行驶的，也有的车是用来开路的，而这种开路的车子就是挖土机。

我们可以拿这种挖土机来比喻积极的思考。你所要走的路是别人已经开拓好的，那么，你走的这一条路，别人也照样可以走。

如果我们必须自己开创新路，那么我们一定会比原先预定的时间晚一些到达。因此，如果你要去的方向已经有道路，请你把它当作是自己的智慧、经验，参考着往前迈进。但是，要决定新的道路、新的方法，自己非得付出代价不可，这个时候绝对不可以优柔寡断。

积极思考的力量就像挖土机一样，这种力量非常雄厚，是我们遇到困难、遇到非解决不可的问题时绝对需要的。

德国天文学家开普勒，是个只在母腹中呆了 7 个月的早产儿。他一降生就连遭不幸：天花使他成了麻子，猩红热又弄坏了他的眼

睛。双亲对这个多灾多难的小生命没有付出爱和温暖,甚至不愿负起养育的责任。陪伴着他度过一生的除了宇宙和星辰,剩下的就是贫困和疾病。

早在孩提时代,开普勒的求知欲和上进心就极为旺盛,他的学习成绩一直在同学们中遥遥领先。正当瘦弱多病的开普勒尽情地遨游在知识海洋的时候,不幸的事情又降临到他的头上:父亲因为负债,不能继续供他读书。失学之后,他只得到自家经营的小客栈里提酒桶、打杂。但是,他始终没有放弃学习。

成家之后,开普勒更加发愤地进行他在天文学方面的研究。他把自己写的书寄给远在布拉格的天文学家第谷·布拉赫,布拉赫对他很注意,回信表示欢迎他去布拉格。

去布拉格的路程是遥远的,妻子担心开普勒的身体受不了,劝他放弃此行,他坚毅果断地说:"无论怎样我们一定要去!"

途中,开普勒病倒了。在一家乡村小客栈里,他们住了几星期。带的一点点路费早就花完了,病人要买药,妻儿要吃饭,而周围又没有一个亲人。绝望中,开普勒只好向第谷·布拉赫求救。多亏这位同行慷慨相助,雪中送炭,这才使他一家活着熬到了布拉格。

在布拉格,开普勒竭力研究火星,想得到它的秘密。这个时期,是他一生中最快乐的时代。可惜好景不长,他的益友布拉赫溘然长逝。这不仅在事业上使开普勒受到严重损失,而且他一家的生活也因此再次陷入困境。

有人说:"开普勒的一生,大半是孤独地奋斗……布拉赫的后面有国王,伽利略的后面有公爵,牛顿的后面有政府,但是开普勒的后面只有疾病和贫困。"

然而,没有任何困难能阻碍开普勒。他倒了,又站起来。他失败了,失败了,失败了,但是他把这些失败收拾起来,建成一个高塔,终于抓着了天体运动的三大定律。

生活中有许多人做事最初都能保持旺盛的斗志，在这个阶段普通人与杰出的人是没有多少差别的。然而往往到最后那一刻，顽强者与懈怠者的差异便各自显示出来了。前者咬牙坚持到胜利，后者则丧失信心放弃了努力，于是便得到了不同的结局。

人生之路没有一马平川。著名作家毕淑敏在《心灵密码》有这样一段话：**你不能要求拥有一个没有风暴的人生海洋，因为痛苦和磨难是人生的一部分。一个没有风暴的海洋，那不是海，是泥塘。**

如果非要说成功有什么秘诀的话，那就是：忍受挫折，继续坚持！

最美风景在险峰，绝境中才有机会重生

海到尽头天作岸，山为绝顶我为峰。很多怀有雄心壮志的人或许都曾发出过类似的感慨和决心，不达顶峰誓不罢休。

布克·特·华盛顿曾说过："衡量一个人成功与否，不完全是以他在生活中所得到的地位为标准的，而是由他在努力通往成功的路上越过的障碍多少作为尺度的。"

下面，我们来聆听一位著名歌手胡里奥·依格莱西斯的故事。胡里奥因其用六国语言演唱的唱片销售了10亿多张，而获得了《吉尼斯世界纪录》创办者颁发的"钻石唱片"奖。在欧洲，胡里奥连续5年都是流行歌曲的榜首明星，《法国晚报》曾赞扬他为20世纪80年代的一号歌星。歌剧演唱家普拉西多·多明戈这样评价这位富有激情的西班牙演唱浪漫民谣的歌手："胡里奥达到了每个歌唱家梦寐以求的造诣，既会唱古曲的，又会唱通俗的，他打动了所有观众的心。"

假如胡里奥没有信心、勇气和铁一般的毅力，那么今天他可能只是一个默默无闻的残疾人。说来也奇怪，他的成功还是由一起车祸事故引起的。

1963年9月，胡里奥20岁生日前，他和三个朋友沿着郊区的大路驱车向马德里家中驶去。当时已过午夜，纯粹出于年轻人的胡闹，他把车速开到了每小时100公里。谁知驶到一个急转弯处，汽车陡然滑向一侧，一个跟头翻到了田里。当时没有人受重伤。过了一段时间，胡里奥感到胸部和腰部剧烈刺痛，还伴随着呼吸困难和浑身发抖。经神经外科专家诊断是脊椎出了问题，胡里奥瘫痪了，他被送到一个治截瘫病人的医院。在给他做完脊柱检查后医生发现：他的第七根脊椎骨上长有一个良性瘤，随后他做了外科手术把瘤摘除。但是胡里奥回家后腰部以下仍不能动弹，这种情形实在让人沮丧：胡里奥在几年后可能会恢复一点活动能力，但是进展缓慢，康复锻炼使他筋疲力尽。胡里奥有时很绝望，有位护士得知这情形，给了他一把价钱不贵的吉他，他开始漫无目的地拨弄起来，很快，他发现这种乱弹乱奏给他消除了忧虑和无聊。他跟着乱奏哼起来，后来试着唱出几句，使他高兴的是，自己的嗓音还不错。

手术后第四个月，胡里奥站在地板上，紧紧抓着他家里楼梯的扶手，费力地试着举步上楼，这样的练习使他气喘吁吁。但他总算抬起了迈向康复的第一步。

他每天的目标就是比头天多迈出一步。为了加强身体其他部位的锻炼，他沿着门厅不停地爬行四五个小时。在他家的消暑住地，他能拄着拐杖沿着海滩缓慢费力地行走了。此外，每天早上，他都在地中海里疲倦不堪地游上三四个小时。到那一年的秋天，他能拄一根手杖行走。几个月后，他把手杖也扔到了一边，每天慢行 10 公里。

1968 年，他于法学院毕业，曾打算进外交使团。在那时，音乐仅是一种消遣，长期而孤独的恢复期使胡里奥产生了灵感，他写出了自己的第一首歌《生活像往常一样继续》。

尽管他迟疑过，最后还是同意在西班牙一年一度为流行音乐举行的最重要的比赛——"本尼多姆歌节"上演唱那首歌。在那次比赛中，胡里奥获得了一等奖。这首歌很快在西班牙流行起来，并成了一部西班牙电影的片名。这部影片是根据他和瘫痪做斗争的经历而写的，他主演了这部电影，他又成了一位电影明星。

作为一个世界性的音乐家，公众对他的接受有一个漫长的过程。在他用歌声征服拉丁美洲听众的过程中，他首先得征服村民们，使他们知道胡里奥是谁。1971年他在巴拿马时身无分文，露宿在公园的长凳上。就在这种情况下，他也没有怀疑过美好的明天在向他招手，身体上的复原让他决心不放弃任何梦想。

1972年，结束了黑暗日子的胡里奥写出了《献给佳丽西娅的歌》，这首歌跳动的民间节奏，使得它流行于整个欧洲和南美。

很快，他又推出了其他流行曲目。1974年，他的唱片《Manuela》使他在法国成为第一个获得金唱片奖的西班牙歌手。

有一次，在阿根廷的马德普拉特举行了一场音乐会后，一对夫妇送给胡里奥一颗钻石戒指表达他们感激的心意，因为在他们即将分手之际，是胡里奥音乐里的温柔和渴望使他们夫妇重归于好。

1981年，胡里奥在自传《在天堂和地狱之间》一书中，描述了自己破裂的婚姻，其痛苦的程度不亚于那次瘫痪。他体会到了失败，陷进了深深的绝望之谷，他得做出超人的努力才能面对观众。那时他觉得他的双腿又一次瘫了，可一位精神病医生对他说是他的思想出了问题："你应该像从前那样，把自己投入到事业中去。"有位医生建议："继续你已开展的事业——不达顶峰不罢休。"

有了这些鼓励，胡里奥感觉好多了。从那以后，他严格遵守医生的指导，时刻不忘20年前的自我疗法：每天要比昨天多迈出一步。

1978年，胡里奥和哥伦比亚广播唱片公司签了一项长期合同，他细心而不知疲倦地工作，花了6个月的时间录一张唱片。他先用西班牙语演唱，后来又用法语、意大利语、葡萄牙语和德语唱。他同时还得花些时间录制首次用英语演唱的唱片。

虽然他是个语言天才，但是用多种语言进行7小时的录音过程也够折腾人的。他对"我爱你"这几个字的发音特别小题大做。即使用西班牙语演唱，在录音时他也要花上一个多小时反复练习，直到达到了他认为能给人以美的享受才停止。

胡里奥回顾瘫痪时的黑暗之日，发现有很多东西值得感激。他说："我在音乐方面获得的一切成就，都来源于那次痛苦。"现在，健康、快乐和成功的胡里奥·依格莱西斯，用生活本身证明了他写进第一首歌《生活像往常一样继续》中的箴言：

人总有理由生存，总有理由奋斗！

一些人认为所谓成功，无非就是那套 ABC 理论——才智、闯劲和勇气。但我们要想成功，光有这三条是远远不够的，你还必须以顽强的耐力对付生活中遇到的各种坎坷、障碍。

我们每个人都必须对付那些令人头痛的、失意的事情。为了成功，你必须具有耐力。一位有名的拳击家在他的作品《再战一回合！》中充分表现了这种顽强耐力，他写道："再战一回合！当你双脚站立不稳，马上就要跌倒的时候，再战一回合！当你筋疲力尽，无法抬起双臂防御对手的进攻时，再战一回合！有时，你被打得鼻青脸肿，无力招架，甚至你希望对手干脆猛击一拳将你打昏过去时，此时此刻——再战一回合。记住，一个常常'再战一回合'的人是不会被打垮的。"

人的一生，只有历经坎坷和磨难，才能攀登到最高的山峰，看到人生最壮丽的风景。不要畏惧苦难，只有身处绝境，才有机会在绝望中重生。

失败并不可怕，可怕的是你不敢直面失败

　　有人说，失败是人格的试验地。许多人要是没有遇到失败，就不会发现自己真正的才干。他们若不遇到极大的挫折，不遇到对他们生命本质的打击，就不知道如何焕发自己内部贮藏的力量。

　　要测验一个人是否能成功，最好是看他失败以后采取怎样的行动。失败以后，能否激发他更多的计谋与新的智慧？能否激发他潜在的力量？是增加了他的决断力，还是使他心灰意冷？

　　爱默生说："伟大高贵人物最明显的标志就是他坚定的意志，不管环境变化到何种地步，他的初衷与希望仍然不会有丝毫的改变，而终至克服障碍，以达到所企望的目的。"

　　"跌倒了再站起来，在失败中求胜利。"这是历代伟人的成功秘诀。

　　有人问一个孩子，他是怎样学会溜冰的，那孩子回答道："哦，跌倒了爬起来，爬起来再跌倒，就学会了。"使得个人成功、使得军队胜利的，实际上就是这样的一种精神。跌倒不算失败，跌倒了站不起来才是失败。

　　也许过去的一切，对·些人来说是一部极痛苦、极失望的伤心史。所以，有的人在回想过去时，会觉得自己处处失败、碌碌无为。他们在衷心希望成功的事情上失败了，也许他们至亲至爱的亲属朋友离他而去，也许他们曾经失掉了职位或是营业失败，或是因为种种原因而不能使自己的家庭得以维系，在这些人看来，自己的前途

似乎十分的惨淡。然而即便有上述的种种不幸，只要你不甘屈服，则胜利就在远方，就在向你招手。

失败是对一个人的人格试验，在一个人除了自己的生命以外，一切都已丧失的情况下，内在的力量到底还有多少？没有勇气继续奋斗的人、自认挫败的人，那么他所有的能力便会全部消失。只有毫无畏惧、勇往直前、永不放弃人生责任的人，才会在自己的生命里有伟大的进展。

有人或许要说，已经失败多次了，所以再试也徒劳无益，这种想法真是太自暴自弃了！对意志永不屈服的人，就没有所谓失败。无论成功多么遥远，失败的次数多么多，最后的胜利仍然在他的期待之中。狄更斯在他小说里讲到一个守财奴斯克鲁奇，此人最初是个爱财如命、一毛不拔、残酷无情的家伙，他甚至把全部的精神都钻进了钱眼里。可是到了晚年，他竟然变成一个慷慨的慈善家、一个宽宏大量的人、一个真诚爱人的人。

狄更斯的这部小说并非完全虚构，世界上也真有这样的事实。人的本性都可以由恶劣变为善良，人的事业又何尝不能由失败变为成功呢？现实生活中这样的例子也不少，许多人失败了再起来，沮丧而又不挫折，抱着不屈不挠的无畏精神，向前奋进，最终获得了成功。

有无数人已经丧失了他们所拥有的一切东西，然而还不能把他们叫失败者，因为他们仍然有一个不可屈服的意志，有着一种坚韧不拔的精神。

真正伟大的人，对于世间所谓的种种成败并不介意，所谓"不以物喜，不以己悲"。这种人无论面对多么大的失望，绝不失去镇静，这样的人终能获得最后的胜利。在狂风暴雨的袭击中，那些心灵脆弱的人们唯有束手待毙，但真正伟大的人其自信精神、镇静气概却依然存在。正是这种精神使得他们能够克服外在的一切境遇，去获得成功。

一般来讲，一个人做事成功的程度取决于他做事时的态度。只要用心，一切皆有可能。

只要你能不断地突破自己已知的范围进入到未知的领域，不达目的誓不罢休，不断地去寻找新的解决方法，你就能成功。

到底如何才能有效地突破呢？答案其实很简单，就是一定让自己开始去做一些过去没有做过的事情、过去不敢做的事情！

如果你还在自己已知的范围内、你熟悉的领域里打转，又怎么能够产生新的结果呢？别忘了：重复旧的行为只能得到旧的结果！

以一件很有趣的事为例：

在你快要下班的时候，你的爱人打来电话："还记得今天是什么日子吗？"你突然想起今天是自己的生日。

"我和孩子都为你准备了丰盛的晚餐，让我们一起过一个快乐的生日，请你早点回家。"你非常高兴，下班后拎上公文包，兴冲冲地赶回家。

在回家的路口，交通又阻塞了，警察告诉你："此路禁止通行！"那你怎么办呢？当然是换一条路继续前进了。对不起，这条路因为房屋拆迁也被封住了，任何人都甭想通过。

这时你会有三种选择：第一，放弃回家；第二，坐在一边等待道路重开；第三，换道，去找另一条路。如果你不放弃回家的话，如果你不放弃对幸福快乐的追求，你不会考虑第一和第二个选择，你还会集中精力去寻找另一条回家的路。可是真不走运，这条路又不能通行，那你可怎么办？

如果你不放弃回家的念头，你就肯定还会再继续找第四条路前进，如果第四条路刚巧因火灾而封路我们就会去找第五条，如果第五条路也因水浸而封了，你就会去找第六、第七和第八条路，直到回到家为止。

如果"回家"是你人生的最大目标，你就会一直尝试，不断地去找方法。不管是爬回去，或挖个地道钻过去，或者其他方法，你都不会说"算了，没有办法，我就不回家了"。因为你知道，如果你不快点到家，你的另一半和孩子会在家中苦苦等待。

"没有办法"只是说我们已知范围内的方法已经用尽，只要我们能够不断地去尝试新的事物、新的机会、新的方法，不断地去突破自我、改变自我，永远都没有"不可能"这个词。

从今天开始，别为自己找任何借口，将"不可能"这个词从你的字典中抹去。没有什么不可能。不可能是安于现状者的借口，不可能绝非事实，而是你未成功前的一个错误的观点。只要用心努力，用心寻找，一切的成功你都能找到方法。

生命并不是一帆风顺的幸福之旅，而是时时在幸与不幸、沉与浮、光明与黑暗之间的模式里摆动。面对种种的不幸，只有一个方法——就是接受它并努力改变。因为，有时尽管你努力了也失败，但你不努力就一定不会成功。

心理学家、哲学家威廉·詹姆斯提出忠告："要乐于接受必然发生的情况。接受所发生的事实，是克服随之而来的任何不幸的第一步。"在漫长的岁月中，你我一定会碰到一些令人不快的情况，它们既是这样，就不可能是他样。我们也可以有所选择——我们可以把它们当作一种不可避免的情况加以接受，并且适应它，否则我们可能用忧虑来毁了我们的生活，甚至最后可能会被弄得精神崩溃。

在你刚刚受到打击的时候，整个世界似乎停止了运行，而我们的苦难也似乎永无止境。当我们的生活被不幸的遭遇分割得支离破碎的时候，只有时间可以把这些碎片捡拾起来，并重新抚平创伤。

我们要给时间一个机会。

有一位银行家，经过半生的奋斗，在他 51 岁时财富高达数百万美元。但在他 52 岁的时候，他又失去了所有的财富，而且背上了一大堆债务。面临巨大打击，他没有颓废，也没有悲观失望，而是决定东山再起。终于，他又积累了巨额的财富。当他还清最后一个债务人的欠款后，这位金融家实现了他的承诺。

有人问他："你的第二笔财富是怎样积累起来的？"

他回答说："这很简单，因为我从来没有改变从父母身上继承下来的个性，那就是积极乐观。**从我早期谋生开始，我就认为要以充满希望的一面来看待万事万物，从来不要在阴影的笼罩下生活。我总是有理由让自己相信，实际的情况比一般人设想和尖刻批评的情况要好得多。我相信，我们的社会到处都是财富，只要去工作就一定会发现财富、获得财富。**这就是我生活成功的秘密，记住：总是要看到事物阳光灿烂的一面。"

挫折和失败只是成功滑轮上的润滑剂。无论在哪一种情况下，只要还有一点挽救的机会，我们就要奋斗和努力。但是当普通常识告诉我们，事情是不可避免的、也不可能再有任何转机时，我们就应该保持理智，不要"庸人自扰"。

当你"不幸"遇到不幸时，你可以这样做：

先试着接受这不可避免的事实；

让时间去治疗你的伤痛；

采取一些行动，改变你的困境；

充分坚定信心，因为不幸只是过客。

挥挥手，向不幸告别；如果你沉迷于它，那不幸就只会陪在你的身旁，做你永远的伴侣了。

譬如照相，同一景物从不同角度拍摄，就会得到不同的效果。

对待失败也是这样。一位西方作家有句名言："生活是一面镜子，你对它笑，它就对你笑；你对它哭，它也对你哭。"的确，如果我们以欢悦的态度微笑着对待生活的失败，生活就会对我们"笑"，我们就会感受到生活的温暖和愉快。而我们如果总是以一种痛苦的、悲哀的情绪注视生活，那么生活的整个基调在我们心中也就会变得灰暗了。

谁的一生都不是一帆风顺的，顺境和逆境在一定条件下是会互相转化的。面临失败，如果我们能适当地变换思维的角度和方式，多从其他方面重新评价和审视所遭遇的挫折，会有助于摆脱自己所处的困境。

在生活中，令人后悔的事情经常出现。许多事情做了后悔，不做也后悔；许多人遇到了要后悔，错过了更后悔；许多话说出来后悔，说不出来也后悔……人的遗憾与后悔情绪仿佛是与生俱来的，正像苦难伴随生命的始终一样，遗憾与悔恨也与生命同在。

人生一世，花开一季，谁都想让此生了无遗憾，谁都想让自己所做的每一件事都永远正确，从而达到自己预期的目的，可这只能是一种美好的幻想。

人不可能不做错事，不可能不走弯路。做了错事、走了弯路之后，有后悔情绪是很正常的，这是一种自我反省，是自我解剖的前奏曲，正因为有了这种"积极的后悔"，我们才会在以后的人生之路上走得更好、更稳。

但是，如果你纠缠不放或羞愧万分、一蹶不振，或自惭形秽、自暴自弃，那么你的这种做法就真正是蠢人之举了。

古希腊诗人荷马曾说过："过去的事已经过去，过去的事无法挽回。"如果总是背着沉重的怀旧包袱，为逝去的流年伤感不已，为犯过的错误后悔，那你只会白白地耗费眼前的大好时光，也就等于放弃了现在和未来。那么，我们又为什么不能好好把握现在，好好努力一把呢？虽然有时候尽管你很努力，却仍是得到失望的结局，但是，如果你不努力，甚至连失望的结局你都看不到。

追悔过去，只能失掉现在；失掉现在，才是真的没有了未来。失败并不可怕，可怕的是你不敢面对失败。所以，无论身处何种境地都请记住：无论遭遇怎样的失败，我们都不要放弃。

不怯场：怕，就会输一辈子

Part5　拒绝投机

只要有准备，就不怕没机会

勇气是衡量灵魂大小的标准，尽量使自己适应这项标准。

——戴尔·卡耐基（美国）

机会不是人人都有，你不要轻易错过

机会是最公正的，它永远不会光顾那些生命中的看客。对于那些孜孜不倦的跋涉者，它表现出极大的无私与慷慨；对于那些逍遥平庸的等待者，它表现出无比的自私与吝啬。

俗语说得好：成功总是垂青那些有准备的人。古往今来，有许多成功人士并不注重机会在哪一刻来临，而是抓紧所有的时间，让生命的力量发挥到极致，从而在最适合自己的位置上牢牢地站直身子。如果你做到了这一点，那么这些斑斓多彩的机会就会来到你面前。

然而，现代社会中有许多人却总是站在荒芜的土地上，在遥远的天空中寻找着属于自己的机会。这些人总在数落着哪个机会该是自己的，哪个机会是不该走掉的，哪个机会是应该来临的，盼望着某一天一觉醒来就有美好的机会等在自家的门口，自己可以一步登天了。然而，机会终究没有到来，这些人便在无尽的等待中将短暂的生命放逐掉了。

那些因为偶然得到机会而沾沾自喜的人，本身并没有多大能耐。这种人不过是偶尔绽放的昙花，永远不会有绚丽多姿的百花齐放。

为自己没有得到机会而抱怨生活的人，也不足挂齿。这些人注定了终生一事无成，注定了要永远站在别人高大的影子里。

只有那些终生都在为自己的终极目标而努力不止的人，才是生活中最美丽的花朵。要知道，生活是一条不断的河流，她不断高歌着、跳跃着勇往直前，而在她的每一朵浪花里、每一个细小的转弯处，都闪现着智慧的光芒……

世界著名的游泳健将弗洛伦丝·查德威克一次从卡得林那岛游向加利福尼亚海湾，在海水中泡了16小时而只剩下一海里时，她看见前面大雾茫茫，潜意识发出了"何时才能游到彼岸"的信号，顿时浑身困乏，失去了信心。于是她被拉上小艇休息，失去了一次创造纪录的机会。

事后，弗洛伦丝·查德威克才知道，她已经快要登上了成功的彼岸，阻碍她成功的不是大雾，而是她内心的疑惑。是她自己在大雾挡住视线之后，对创造新的纪录失去了信心，然后才被大雾所俘虏。过了两个多月，弗洛伦丝·查德威克又一次重游加利福尼亚海湾，游到最后，她不停地对自己说："离彼岸越来越近了！"潜意识发出了"我这次一定能打破纪录"的信号，顿时浑身来劲，最后弗洛伦丝·查德威克终于实现了目标。

其实，人的一生没有谁可以打败你，除非你自己打败自己。人有了信心，就会产生无穷的意志和力量。

只有自信，才有可能抓住成功的良机。日本的小泽征尔是世界著名的音乐指挥家，意大利的米兰斯卡拉歌剧院和美国大都会歌剧院等许多著名歌剧院都曾多次邀他加盟执棒。

一次，小泽征尔去欧洲参加音乐指挥家大赛，决赛时他被安排在最后一位。小泽征尔拿到评委交给的乐谱后，稍做准备便全神贯注地指挥起来。突然，他发现乐曲中出现了一点不和谐。开始他以为是演奏错了，就让乐队停下来重新演奏，但仍觉得不和谐。至此，他认为乐谱确实有问题。

可是，在场的作曲家和评委会的权威人士都郑重声明：乐谱不会有问题，是他的错觉。面对几百名国际音乐界的权威人士，他难免对自己的判断产生了犹豫，甚至动摇。但是，他考虑再三，坚信自己的判断是正确的。于是，他斩钉截铁地大声说："不，一定是乐谱错了！"他的声音刚落，评委席上的那些评委们立即站起来，向他报以热烈的掌声，祝贺他大赛夺魁。

原来这是评委们精心设计的一个圈套，以试探指挥家们在发现错误而权威人士不承认的情况下是否能坚持自己的正确判断，因为只有具备这种素质的人，才真正称得上世界一流的音乐指挥家。

在三名选手中，只有小泽征尔坚信自己而不随声附和权威们的意见，因而获得了这次世界音乐指挥家大赛的桂冠。

具体到现实生活当中，无论是在办公室、谈判桌上还是在公众场合，只有自信判断是正确的人，才是成功的人。

人的一生总会出现无数次转机，只看你能否及时抓住机会。强者总是自己创造机会，弱者总是在犹疑中等待机会。机会人人都有，只看你能否把握。

你若没准备，机会来了也会溜走

机会从不空待有准备的人。

经常会听到一些员工埋怨自己时运不济，命运不公。评价别人的成功，也总是一味强调人家"运气好"。

实际上，机会对每一个人都是平等的。在职场打拼，不错过每一个展现自己的机会，才能使自己得到别人的认可和赏识。

然而，相当一部分员工受不得一点挫折，受了一点挫折就轻言放弃、怨天尤人。爱默生说："每一种挫折或不利的突变，是带着同样或较大的有利的种子。"所以，困难也是一种难得的机会。所谓时势造英雄，敢于负责的人会在困难中找机会，推卸责任的人是在机会来临时还害怕困难，给自己搜寻种种他们无法利用这机会的理由。

一位著名的经济学管理专家来到某地讲演。在讲演过程中，专家忽然提问："在座的有多少人喜欢经济学？"可惜没有一个人响应。去听讲座的大都是从事经济工作的，到这儿来的目的就是"充电"。可由于种种原因，大家都选择了沉默。

专家摇头苦笑一下，说："暂停一下，我给大家讲个故事。"

"我刚到美国读书的时候，大学里经常举办讲座，每次都是请华尔街或跨国公司的高级管理人员来给同学们讲演。每次开讲前，我都发现一个有趣的现象——我周围的同学总是拿一张硬纸，中间对折下，让它可以直立，然后用颜色很鲜艳的笔大大地用粗体写上自己的名字，再放在桌前。于是，每当讲演者需要听讲者回答问题时，他就可以直接看着硬纸上的名字叫人。我开始对此不解，便问旁边的同学。他笑着解释说，讲演的人都是一流的人物，和他们交流就意味着机会。当你的回答令他满意或吃惊时，他就很有可能给你提供比别人多的机会。这是一个非常简单的道理。事实也正如此，我确实看到我周围的几个同学，因为高超的见解最终得以到一流的公司供职……"

专家讲完故事之后，听讲的人非常难得地主动举手回答演讲专家的提问。

在人才辈出、竞争日趋激烈的情况下，机会一般来说不会自动找到你。只有你自己敢于展示自己，让别人认识你，吸引对方的眼球，才有可能寻找到机会。

一个善于表现自己的人，他的成功机会就会比别人多得多。不懂得恰当展示自我的人最可悲的，因为这会使你与许多成功的机会失之交臂！

那些埋怨机会为何不降临在自己的头上的人，总觉得自己怀才不遇而牢骚满腹。其实，成功不是没有机会，而是你没有很好地识别机会、抓住机会、利用机会而已。

小李在合资公司做白领，觉得自己才华横溢却没有得到上司的赏识，于是总是这样想：如果有一天能见到老板，有机会展示一下自己就好了。

小李的同事小张，也有类似的想法。他比小李更加积极一些，去打听老板上下班的时间，算好他大约会在何时坐电梯，他便也在这个时候去坐电梯，希望能遇到老板，有机会可能和他打个招呼。

他们同事小刘则更善于制造机会和把握机会，他详细地了解了老板的奋斗经历，弄清老板毕业的学校、人际风格、关心的问题，精心设计几句简洁明快却有份量的开场白，找好时间去乘电梯。跟老板打过几次招呼后，终于有机会跟老板进行了一次深入的谈话，不久就争取到了理想的职位。

愚者错失机会，智者善抓住机会，成功者创造机会。机会对每个人而言都是平等的，但机会只肯垂青那些有准备的人。因为，你若没有充分地准备，即使机会来了，也会溜走。

术业有专攻，只走适合自己的路

通往成功的路有千万条，但可能只有几条甚至一条是适合你的。一旦选错了路，你就会走弯路，浪费大量宝贵的时间，甚至最终与成功无缘。所以，**要想不走弯路，尽快获得成功，就一定要找出最适合自己的那条通往成功之路。而要想找到这条路就需要具备选择能力。**

那么，什么是选择能力呢？简单地说，就是给自己定位，寻找适合自己的路的能力。

在这个很精彩也很复杂的世界里，无论是强者还是弱者，无论是成功者还是失败者，无论是大人物还是小人物，他们之间最重要的区别就是对人生之路选择的差别。前者选择了一条布满荆棘、充满风险，但能使人生放射华光异彩的道路；后者则选择了一条平坦大道，却是平庸之路。

在这一点上，那些伟人们的经历值得我们去借鉴。

伟人们之所以伟大，首先是因为他们选择了伟大的事业。如果伟人们选择的不是伟大的事业，那么，每个伟人在今天的历史书上都不会有他们的名字。是伟大的事业才使那些伟人们变得伟大。

如果当年的鲁迅不选择弃医从文，就不会成为文学巨匠；如果当年的毛泽东不选择为中国人民的解放而斗争，就不会成为共和国领袖；如果霍金不选择天文物理，就不会写出《时间简史》这一伟大著作；如果贝多芬不选择音乐创作，也不会为后世留下那么多不朽的旋律。

比尔·盖茨在谈到他的成功经验时说："我的成功在于我的选择。如果说有什么秘密的话，那么还是两个字——'选择'。"

如果你想不平凡，如果你想在芸芸众生之中脱颖而出，如果你想实现自己的人生价值和生活梦想，那么请记住决定你一生的两个字：选择！

是的，选择是最重要的。在人生的所有因素中，尽管有很多因素影响人的一生，但没有哪一种因素能像选择那样会起决定性的作用，也没有哪一种因素能像选择那样让我们时常面对人生。

有两兄弟，他们一起住在一幢公寓楼里。一天，他们一起出去郊外爬山。傍晚时分，等他们爬山回来回到公寓楼的时候发现一件事：大厦停电了！这真是一件令人沮丧的事情。为什么呢？因为很不巧，这两兄弟是住在大厦的顶楼。那么，顶楼是几楼呢？那就更加不巧了，顶楼是80楼。虽然两兄弟都背着大大的登山包，但别无选择，于是哥哥对弟弟说："我们爬楼梯上去吧。"于是，他们就背着一大包行李开始往上爬。到了20楼的时候，他们觉得累了，弟弟提议说："哥哥，行李太重了，不如这样吧，我们把它放在20楼，我们先上去，等大厦恢复电力，我们再坐电梯下来拿吧。"哥哥一听，觉得这主意不错："好啊！弟弟，你真聪明呀。"于是，他们就把行李放在20楼，继续往上爬。卸下了沉重的包袱之后，两个人觉得轻松多了。他们一路有说有笑地往上爬。但好景不常，到了40楼，两人又觉得累了。想到只爬了一半，往上一看竟然还有40楼要爬。两人就开始互相埋怨，指责对方不注意停电公告，才会落到如此下场。他们边吵边爬，就这样一路爬到了60楼。

到了60楼，两人筋疲力尽，累得连吵架的力气也没有了。哥哥对弟弟说："算了，只剩下最后20层楼，我们就不要再吵了。"

于是，他们一路无言，安静地继续往上爬。终于，80 楼到了。到了家门口，哥哥长吁一口气，摆了一个很酷的姿势："弟弟，拿钥匙来！"弟弟说："有没有搞错？钥匙不是在你那里吗？"

大家猜猜发生了什么事？——钥匙还留在 20 楼的登山包里！

这个故事其实正反映了我们的人生：20 岁之前，我们活在家人、老师的期望之下，背负着很多压力，不停地做功课、考试、升学，就好像是背着一个很重的登山包，加上自己也不够成熟有能力，所以走得很辛苦。20 岁以后，从学校毕业出来踏上工作岗位，开始自己的职业生涯，自己喜欢做什么就做什么，想怎么做就怎么做，就好像是卸下了沉重的包袱。所以说，从 20 岁到 40 岁，是一生中最愉快的 20 年。

到了 40 岁，人到中年，发现青春早已逝去，但又有很多遗憾，于是开始抱怨，骂老板不识货，怪家人不体恤，埋怨政府，埋怨国家，埋怨社会。就这样在抱怨遗憾中又过了 20 年。

到了 60 岁，发现人生所剩不多，于是告诉自己不要再埋怨了，就珍惜剩下的日子吧。于是，默默走完自己的最后岁月。到了生命的尽头，突然想起：好像有什么忘记了。是什么呢？是你的钥匙，你的 key，你人生的关键。你把你的理想、抱负、关键都留在了 20 岁，没有完成。

想一想，我们是不是也要等到 40 岁之后、60 岁之后才来追悔？想一想，我们最在意的是什么？想一想，希望将来的自己和现在的自己有什么不同？是不是可以做些什么来不让这个遗憾发生呢？那么，我们要做什么呢？那就是选择，关键时刻我们一定要选对自己的人生之路——做到术业有专攻，只走适合自己的路。

不教一日闲过，你的人生才更富有

如果有人问你，世界上最宝贵的东西是什么？你一定得答是时间。时间是我们生命中的匆匆过客，时间总是在我们不知不觉中悄然而去，不留痕迹。人们常常在时间消逝以后才发觉，自己留给自己的时间已经所剩无几。

也正是如此，才有了古人一声叹息：少壮不努力，老大徒伤悲。相对于历史的长河，人的生命显得是那么短暂。如何让有限的生命创造更大的价值，才是我们每个人应该思索的问题。

许多人最大的弱点就是想在顷刻之间成就丰功伟绩，这显然是不可能的。任何事情都是渐变的，只有持之以恒，每天坚持学一点东西，才能有助于一个人最后达到成功。

现实生活中有许多人，尽管他们资质很好，却一生平庸，原因是他们不求进步，在工作中唯一能看到的就是薪水。因此，他们前途黯淡，毫无希望。

属于我们的时间有零散时间，也有整段的时间，如何充分利用好自己的时间，不教一日闲过，是每个人都该认真思考的问题。

凡能用零散时间干的事尽量不占用整段时间，这样就可以腾出整段时间用到更需要的地方去。当然，时间的长和短也是相对的。用半小时解复杂的数学题也许时间太短，但是看一两篇短篇小说、念几首诗，或者打打羽毛球，半小时却是充裕的。所以，要善于按事情大小来分配时间，大时大用，小时小用。巧妙地利用小段时间就可避免大时小用，就为积聚大段时间创造了条件。

无论你薪水多么微薄，如果你能时时注意去读一些书籍，去获取一些有价值的知识，必将对你的事业有很大的助益。有这样一个年轻人，他出门的时间比在家的时间还要多，有时乘火车，有时坐轮船，但无论到什么地方，他总是随身携带一本书籍，随时阅读。一般人浪费的零散时间，他都能用来自修、阅读。结果，他对于历史、文学、科学以及其他重要学问都有相当的见地，成为学识渊博的人，从而促成一生的成功。但是，大多数人却在浪费自己宝贵的零散时间，甚至在那些时间里去做对身心有害的事情。

要知道，一个人的知识储备越多，生活才会越丰富。有能力的人都善于从每天的日常生活中学习和充实自己。

生活是多彩的，也是复杂的，它有很多东西值得我们学习，那是书本上所学不到的。不知道你有没有发现，如果一个人的知识仅来自于书本，他永远也成长不了，因为，他不懂得生活，也不明白生活的含义……

人的成长有不同意义，一是自然规律不可抗拒和违背的，就如人的生老病死，而另一种成长是思想。思想的成长是一天天地积累，是在不断的学习和付出中总结经验、吸取教训后体会到的一个深层次的评定。只有付出才有总结，有总结才能成长。我们总是通过成长、再成长，看清了是非、认清真伪。

古人说"读万卷书、行万里路"，是说人要有较多的知识和丰富的阅历，能理论联系实际，善于利用知识处理各种事情。丰富的阅历是成大事者不可缺少的资本，所以，我们不但要注重书本知识，也要注重生活中的知识。

古人云："纸上得来终觉浅，绝知此事要躬行。"读书学习获取知识诚然重要，但实践获真知也是必不可少的。你也许明白这一点，但你善于这样去学习吗？

当你肯尝试新的活动、接受新的挑战的时候，你会因为发现多了一个新的生活层面而惊喜不已。

学习新的技术、开拓新的途径，都可以使人获得新的满足。可惜许多人往往忽略了这一点，白白丧失了使自己发挥潜能、获取成功的良机。

许多人以为自己应该等待一个适当的时机，以稳当的方法去开拓前程。这种想法未免过于保守，因为那个适当的时机可能永远不会到来。任何人的生命都不是精心设计、毫无差错的电脑程序，所以应该有准备迎接挑战的勇气。

对此，萧伯纳曾有一句名言："一般人只看到已经发生的事情而说为什么如此呢？我却梦想从未有过的事物，并问自己为什么不能呢？"年轻人尤其应该有梦想、有希望，因为奋斗的过程和达成目标一样，都能使人产生无比的快乐。你要有勇气梦想自己能成为一位名医、明星、杰出的科学家或作家等，而且要全力以赴，奔向理想。

当然你的梦想要合理和具体可行，不要好高骛远，空做摘星美梦。比如，你天生一副乌鸦嗓子，就别梦想变成百灵鸟！还有，你要记住，就算你无法达到这个目标也并非世界末日。布朗宁曾说："啊！如果凡人所梦想的都唾手可得，那还要有天堂干嘛？！"

高尔基曾说：一个人追求的目标越高，他的才力就发展得越快，对社会就越有益。

人世沉浮如电光石火，盛衰起伏，变幻难测。如果你有天才，勤奋则使你如虎添翼；如果你没有天才，勤奋将使你赢得一切。命运掌握在那些勤勤恳恳工作的人手中。推动世界前进的人并不是那些严格意义上的天才，而是那些智力平平又非常勤奋、埋头苦干的

人；不是那些天资卓越、才华四射的天才，而是那些不论在哪一个行业都勤勤恳恳、劳作不息的人。

天赋超常而没有毅力和恒心的人只会成为转瞬即逝的火花，许多意志坚强、持之以恒而智力平平乃至稍稍迟钝的人都会超过那些只有天赋而没有毅力的人。懒惰是一种毒药，它既毒害人们的肉体，也毒害人们的心灵。无论多么美好的东西，你只有付出相应的劳动和汗水，才能懂得这美好是多么的来之不易。

自强不息、追求进步的精神，是一个人卓越超群的标志，更是一个人成功的征兆。

基本上，从一个人怎样利用他每天的零散时间、怎样消磨他冬夜黄昏的时间上，就可以预言他的前途。

一个人，只要能利用有限的零散时间去读书，总会取得很大的成就，可恰恰相反，很多人却白白浪费了这些空闲时间，到头来一事无成。

人类历史上教育的价值之高，莫过于今天。今天的社会中，竞争非常激烈，生活更显艰难。这就更要求人们善于利用时间来增加自己的知识储备，增长自己的才干。

要想让你的人生更富有，请珍惜每一分每一秒的时间吧！因为它离开了，就永远不会再来。

Part6　积极进取

即使是荒漠，也要把它变成绿洲

伟大的心胸，应该表现出这样的气概——用笑脸来迎接悲惨的厄运，用百倍的勇气来应付一切的不幸。

——鲁迅（现代）

做个思想的积极者，不要吝惜你的赞美

有的人长相平平却语出惊人。为什么呢？是因为他骨子里的自信。他懂得尊重别人，同时也赢得了别人的尊重。

无论是在社会各阶层中还是在一个团队中，只有收入高低、分工不同的区别，但绝对没有人格贵贱之分。

俗话说，人的心灵就像花朵，开放时会承受柔润的露珠，闭合时会抵御狂风暴雨。心灵需要用心走近，无论规劝还是赞美。假如我们在规劝别人，实际上就是让他的心灵开放。但是，被规劝的人往往用闭合来抵御我们的语言，因为他并不知道我们送的是雨露，只知道怎样保护他的自尊心。所以，要想不损伤他的自尊心，尊重别人是至关重要的一点。

一般来讲，我们规劝别人很容易使自己站在比别人高的位置上。而本质上，也确实比别人高，因为你自己觉得比别人的观点正确，这才能劝人；如果觉得比别人低，那就表明你观点不正确，或者对自己的观点不自信，那还去劝什么人呢？因此，劝人的人实际上的位置应该是高的。但这种高，在劝人时是不能表现出来的，只能把自己摆在和被劝人平等的位置上，这不是虚伪，而是方法上的需要。

只有当被劝人觉得你尊重他了，设身处地地在为他着想，他才能认真考虑你说的话，才能把心扉打开，才有可能达到劝说的目的。相反，你自恃自己有理、说得对，把位置摆得高高在上，甚至不注意语言的表达方式，一派批评人的口气，势必引起被批评人的反感。因为你没有尊重他，他会想出各种办法来对付你，使你不但没有达到规劝的目的，还会生一肚子气。如果他迫于某种压力或其他因素而屈服于你的批评，口头上也许承认自己错了，内心深处还是不会听你的。

当然，尊重不仅体现在内心，更要表现在言语上。你不说出来，别人怎么会知道你想什么呢？很多人反感没必要的寒暄，认为这是客套和虚伪。殊不知，寒暄在交际场上尤其重要，它是打破人与人之间陌生感的大门。因此，任何人都有必要学会与人寒暄。

有人说：如果寒暄只是打个招呼就了事的话，那与猴子的呼叫声有什么不同呢？事实上，正确的寒暄必须在短短一句话中明显地表露出你的关怀。

在我们日常生活中，寒暄的主要形式有以下几种：

1. 路遇式寒暄

就是在路途上或一些公共场所里遇到熟人，顺便打个招呼。一种是对经常见面的熟人，握握手，说上一句"你好""上班去呀"，在路上骑车相遇，相互点点头，微笑一下，摆摆手，不用下车，擦肩而过。另一种是在路上遇到较长时间没有见面的熟人，这时不可以点头即过，而要停下来，多说几句。如有急事要办，则要与对方说清楚再离开，这是人际交往的基本常识。

2. 会晤前的寒暄

指如约见了面或客人来了后，在交谈正题之前的问候。一种是常见的也是最起码的问候方式，如"您好""请进""请坐"等。另一种是特殊情况下的问候方式，如对病人、老人、师长、好友，或是遇到大病初愈、长途旅行、身遭不幸等情况，寒暄问候则要格外体贴入微，暖人心扉。

寒暄的内容主要有以下几类：

1. 关怀式寒暄

这是常见的寒暄方式，真挚深切的问候对于加深人际间的感情有着重要的作用。

2. 激励式寒暄

就是在寒暄的几句话中，给人以鼓舞和力量。几句寒暄，就能给人以很大的激励。

3. 幽默式寒暄

寒暄中加点幽默诙谐的成分，对协调交际气氛是很有效果的。人际间良好的沟通与深切的友谊就是在这幽默的寒暄中间建立起来的。

此外，在我们与人沟通中，经常会发现别人身上的缺点和过错。有的人一经提醒便可改正，有的人好像已经根深蒂固。

在现实生活中，当我们发现别人的过失时，应该及时予以指正和批评，这是非常必要的。

父母从不批评孩子，是溺爱；教师从不批评学生，是不负责任；朋友之间只有恭维，从无批评，不是良朋益友，而是酒肉伙伴；只会滥用廉价的表扬、从不敢开展批评的领导，更是处世圆滑、怕得罪人的平庸之辈。

同时，批评是一种艺术，其出发点在于如何让对方虚心接受批评，让对方更加正确地行事，同时也使自己的人际关系更加和谐。

心理学研究表明，一种批评如果反复进行就会失去作用。有的人在批评他人时总以为自己占了理，批评个没完没了，其实这是种低下的批评方法。有经验的人在批评他人时，总是适可而止。

批评别人时，每次可只提及一两点，切勿"万箭齐发"，让人难以招架，否则会使对方难堪。批评的话不宜反反复复，一经点明，对方已经听明白并表示考虑或有诚意接受，就不必再说下去了。如果只图"嘴巴快活"说个没完，就可能得到相反的效果。

在友善批评的同时，不要吝惜你对别人的赞美。有的人吝惜赞美，很难赏赐别人一句赞美的话，他们不懂得，多正面引导、多表扬鼓励是多么重要。予人以真诚的赞美，体现了对人的尊重、期望与信任，并有助于增进彼此间的了解和友谊，是协调人际关系的好方法。**人人皆有可赞美之处，只不过长处、优点有大有小、有多有少、有隐有显罢了。只要你细心，就随时能发现别人身上可赞美的"闪光点"。**即使缺点较多或长期处于消极状态的人，只要稍有改正缺点、要求上进的可喜苗头，就应及时给予肯定、赞扬。

但赞美也应注意以下两点：

1.赞美要真诚自然

真诚的赞美有纯洁的动机，它不是为了谋求从对方得到什么才赞美的。卡耐基说："如果我们只图从别人那里获得什么，那我们就无法给人一些真诚的赞美，那也就无法真诚地给别人一些快乐。"

2.赞美别人要得体

生活中，我们经常需要去称赞别人。得体的赞美，于人于己都有重要的意义。对别人来说，他的优点和长处因为你的赞美显得更加有光彩，他本人也由于你的称赞而更加自信、更加奋发。

对于自己来说，你真诚地称赞别人，表明了你已被别人的优点和长处所吸引，并对所称赞的事物充满了向往。而受赞美的人也会更加自信，你的人际关系也会更加和谐。

只要心中有路，全世界都会为你让路

爱自己，是终身幸福的开始。心中有路，你的人生才有路。就像一场旅途，重要的不是目的地、不是沿途的风景，而是点亮路途的明灯以及看风景的心情。

在这个世界上，没有一个标准可以说明你活得很好，请记住：找到了适合自己的生活方式，你就能成为最优秀的自己。

英国著名诗人济慈本来是学医的，后来他发现自己有写诗的才能，就当机立断放弃了医学，把自己的整个生命投入到诗歌中。虽然他只活了二十几岁，但他为人类留下了许多不朽的诗篇。马克思年轻时曾想做个诗人，也曾经努力写过一些诗（后来他自称是胡闹的东西），但他很快就发现自己的长处和兴趣并不在这里，便毅然放弃做个诗人的梦想，转到社会科研上面去了。如果他们两个人都不认识自己，没有找准自己的位置，那么英国至多不过增加了一个庸医，而在国际共产主义运动史上也肯定要失去一颗耀眼的明星。

伽利略是被迫去学医的。当他被迫学习解剖学和生理学的时候，却偷偷地研究复杂的数学问题，他从比萨教堂的钟摆发现钟摆原理的时候才 18 岁。

罗大佑的《童年》《恋曲 1990》等经典歌曲影响和感动了一代人。罗大佑起初是学医的，后来他发觉自己对音乐情有独钟，所以弃医从乐，他的选择是对的。

俄罗斯著名男低音歌唱家奥多尔夏宾 19 岁的时候，来到喀山市的剧院经理处，他准备加入合唱队。但他正处在变音阶段，结果没被录取。过了7年，他已成了著名歌唱家。一次他认识了高尔基，向他谈了自己青年时代的遭遇。高尔基听了，出乎意料地笑了，原来就在那个时候，他也想成为该剧团的一名合唱演员并被选中了，不过很快他就明白他根本没有唱歌的天赋，于是果断退出了合唱队。

在美国新罕布什尔州东部有一个镇——离斯特拉福德镇，离小镇不远有一座贵族宅邸，主人是托马斯·路希爵士。有一天，刚二十出头的莎士比亚伙同镇上几名好事之徒溜进了爵士的花园，开枪打死了一头鹿。结果莎士比亚被当场抓住，在管家的房间里被囚禁了一夜。莎士比亚在这一昼夜间受尽污辱，释放后便写了一首尖刻的讽刺诗，贴在花园的门上。这下子惹得爵士火冒三丈，扬言要诉诸法律严惩那个写歪诗的偷鹿贼。于是莎士比亚在家乡呆不下去了，只好走上去伦敦的路途。

正如作家华盛顿·欧文所说："从此斯特拉福德镇失去了一个手艺不高的梳羊毛的人，而全世界却获得了一位不朽的诗人。"

所谓"不在一颗树上吊死"即不必认死理，只要能找到最适合自己的生存方式，就能活出自己的风采！

一个没有文凭的年轻人来到大城市找工作，结果总是遭人拒绝。年轻人有些心灰意冷，于是，他提笔给大银行家罗斯写了一封信，希望得到他的帮助，或许还有一线希望。

几天过去了，正当年轻人有些绝望准备回家的时候，罗斯的回信到了。

"海洋里生活着很多鱼，它们都有鱼鳔，唯独鲨鱼没有。按理说，没有鱼鳔鲨鱼是不可能活下去的。为了生存，鲨鱼只能在海里不停地运动，结果，鲨鱼不仅活得很好，而且在多年后还成了同类中最凶猛的鱼。"

信的最后，罗斯写道："这个城市就是一个海洋，而你现在就是一条没有鱼鳔的鱼……"

年轻人看完信，陷入了沉思。最后，他决意要留在城市，就从最底层干起。什么都没有未尝不是件好事。

十年后，当初的年轻人拥有了令所有美国人都羡慕的财富，并且娶了银行家罗斯的女儿。他就是石油大王哈特。

对大多数人来说，最缺失的就是信心。首先要在心中坚信，自己确实是在做最正确的事情，其次要相信自己正在正确地做事。为什么这个世界上成功的人能够不断成功而失败的人却接连失败？原因就在于成功的经验让他们有了无人可比的信心。最可悲的事情就是很多人本身无成功经验可言，却又不能给自己灌输一种信心，他们又怎么能成功呢？

自信对人是至关重要的，它决定一个人的成败，也决定了一个人的人生。只有自信的人才能成就最完美的自己。当然，人也不能盲目地自信，要对自己有正确的估量，不能眼高手低，更不能好高骛远。

只要你心中有路，全世界都会为你让路。人生如旅，更要脚踏实地，一步一个脚印地走好每一步路。

即使内心悲伤，也要给自己找一千个理由欢笑

人们常说：困难像弹簧，你强它就弱，你弱它就强。其实，这世上有多少困难就有多少解决困难的方法，只是你没有用足够的笑容来坦然面对，缺少战胜困难的勇气和信心罢了。

用微笑面对我们遇到的困境，用豁达的心态面对我们遭遇到的一切打击，那么，所有的困境和打击都会在微笑面前低头。

有这样一个故事：

百货店里，有个穷苦的妇人带着一个约 4 岁的男孩在转圈子。走到一架照相机旁，孩子拉着妈妈的手说："妈妈，让我照一张相吧。"妈妈弯下腰，把孩子额前的头发拢在一旁，很慈祥地说："不要照了，你的衣服太旧了。"孩子沉默了片刻，抬起头来说："可是，妈妈，我仍会面带微笑的。"

听完这个故事，我们已被那个小男孩简单的话感动得泪眼盈盈。试问一下，如果在生活中，我们每个人都像那个小男孩一样贫穷、衣衫褴褛甚至一无所有，我们会像他一样从容、坦然、开怀地微笑吗？我们相信，在这个世界上，没有任何一样东西能比一个灿烂开怀的微笑更能打动人们的心。

无论我们身处何方，无论我们身兼何职，也无论我们此刻陷入了多么严重的困境或遭到了多么大的挫折和打击，我们都要用微笑去面对一切。那么，一切的不幸和困惑都会屈服在我们的微笑之下。微笑是人类最简单、最易懂的语言，它能消除人与人之间的隔阂，

可以化解人与人之间的坚冰。我们的一个微笑也可以抚慰自己的心灵，让生活充满了阳光雨露。

既然我们知道挫折、困境甚至不幸的遭遇是人生道路上不可避免的，那我们为什么不能坦然乐观地去面对这一切，让我们的灵魂始终微笑呢？自强不息是我们生命中蕴含着的不可阻挡的力量，这种力量会使我们人生中所有的苦难如轻烟一般随风飘散，然后彻底地消失。

记住：尽量消除或减少一切的消极和悲观情绪。每天，都努力在你生活的周围去寻找让我们开心和快乐的事情。

只有在绝境中仍然能够抓住快乐的人，才能真正领悟到快乐的真谛。

生活中的种种困境和不幸对我们造成的挫败感是否像乌云挡住太阳一样遮住了视线，让我们看不到光明？如果我们试着换个角度去看待这个世界，就会惊奇地发现，世界一片光明，大自然充满了生机和活力，生活是多姿多彩的。活着就要享受生活中的一切快乐和痛苦，不要钻牛角尖和自己过不去。

人活在这个世界上会遇到各种各样的事情，或喜或忧，或成功或失败，我们无从选择。我们可以做的只有调整好自己的情绪，遇到任何事情都往好的方面考虑。这样，不但能够帮助我们更好地处理各种问题，更可以获得身心健康，我们又何乐而不为呢？

托尔斯泰在他的散文名篇《我的忏悔》中讲了这样一个故事：

一个男人被一只老虎追赶而掉下悬崖，庆幸的是在跌落过程中他抓住了一棵生长在悬崖边的小灌木。此时，他发现头顶上那只老虎正虎视眈眈，低头一看，悬崖底下还有一只老虎。更糟的是，两只老鼠正忙着啃咬悬着他生命的小灌木的根须。绝望中，他突然发现附近生长着一簇野草莓，伸手可及。于是，这人拽下草莓，塞进嘴里，自语道："多甜啊！"

生命的旅途中，病痛、绝望、灾难、不幸都会不约而来地向我们逼近，让我们陷入无奈的困境。不知我们是否会像上面这个故事所讲的那样，在危急时刻还能享受一下野草莓甜甜的滋味？

如果我们在逆境中可以保持理智和清醒，我们就可以因此而更加全面地认识自己的优点和不足。

日常生活中我们常面临工作不得志、情场失意、家人朋友之间的误会等。其实，生活中与人相处的种种情况，就如同冬去春来、冷暖交替的变化。等到一切都烟消云散时我们才发现，当时的行为举动实在是幼稚、荒唐。但等到下一次类似的事情发生时，我们又一次重复地抱怨、不满，从未想过汲取以前的经验教训。就这样我们在困惑和清醒之间游移徘徊，从原点开始，然后又回到原点，自身得不到半点的突破和成长。

所以，当我们身处逆境时，我们应该不断自我反省，重新认识自己。因为太多的时候，我们并不能真正地认清自己，我们总是有意或无意地否定自己内心存在着的种种困惑、孤寂和空虚。同时，由恐惧引起的各种不良的负面情绪使我们错失了反省的机会。

人在顺境时的得意是非常自然的事情，但我更希望我们能**在逆境中苦中作乐，把自己的心情放平静，去全面地认识那个平常被我们疏忽的自己，随时给自己一个灿烂的微笑，更好地生活、更好地成长。**

练就豁达心胸，别让情绪成为负担

豁达是一种至高的人生境界，是一种高尚的道德修养，是一种优秀的传统美德。豁达是原谅可容之言、包涵可容之人、饶恕可容之事，时时宽容、事事忍让。只有这样才能让自己达到宠辱不惊的境界，创造安宁的心境。

豁达是一种情操，更是一种修养。只有豁达的人才真正懂得善待自己、善待他人，生活才充满快乐。豁达也有程度的区别，有些人对容忍范围之内的事会很豁达，一旦超出某种限度，他就会突然改变，表现出完全相异的反应。最豁达的人，则具有一种游戏精神，将容忍限度扩大。

有这样一个故事：一个身经百战、出生入死、从未有畏惧之心的老将军，解甲归田后以收藏古董为乐。一天，他在把玩最心爱的一件古瓶时不小心差点脱手，吓出一身冷汗，他突然若有所悟："当年我出生入死，从无畏惧，现在怎么会吓出一身冷汗？"片刻后，他悟通了——**因为我迷恋它，才会有忧患得失之心，破除这种迷恋就没有东西能伤害我了**，遂将古瓶掷碎于地。

豁达者的游戏精神，即是如此。既然他把一切视为一种游戏，尽管他同样会满怀热情尽心尽力地去投入，但他真正欣赏的只是做这件事的过程，而不是目的——游戏的乐趣在于过程之中。那么，他也就解除了得失之心的困扰。

据说一位店主的年轻帮工总是迟到，并且每次都以手表出了毛病作为理由。于是那位店主对他说："恐怕你得换一个手表了，否则我将换一位帮工。"这话软中带硬，既保住了对方的面子，又严厉地指出了对方的过失，这样比较易于让对方接受。

豁达才会赢得拥戴。一个领导者必须有大度的心胸，才能容下形形色色的下属、各种人的脾性和工作中的各种压力，站在自己事业的高处。

一位德高望重的长者，在寺院的高墙边发现一把座椅，他知道有人借此越墙到寺外。长老搬走了椅子，凭感觉在这儿等候。午夜，外出的小和尚爬上墙，再跳到"椅子"上，他觉得"椅子"不似先前硬，软软的甚至有点弹性。落地后小和尚定眼一看，才知道椅子已经变成了长老，原来他跳在长老的身上，后者是用脊梁来承接他的。小和尚仓皇离去，这以后一段日子他诚惶诚恐等候着长老的发落，但长老并没有这样做，压根儿没提及这"天知地知你知我知"的事。小和尚从长老的宽容中获得启示，他收住了心再没有去翻墙，而是通过刻苦的修炼成了寺院里的佼佼者。若干年后，他成为这座寺院的长老。

无独有偶，有位老师发现一位学生上课时经常低着头画些什么。有一天他走过去拿起学生的画，发现画中的人物正是龇牙咧嘴的自己。老师没有发火，只是憨憨地笑了笑，要学生课后再加工一下，画得更神似一些。自此那位学生上课时再没有画画，各门课都学得不错，后来他成为颇有造诣的漫画家。

通过上面的例子，我们可以归结出一点：主人公以后的有所作为，与当初长老、老师的宽容不无关系，宽容是一种无声的教育，可以说是宽容唤起的潜意识纠正了他们的人生之舵。

如果长老搬去椅子对小和尚施以惩罚，"杀一儆百"也是合情合理的，小和尚也许会从此收敛，但可能不会真正地反省。同样，如果老师对学生的恶作剧大发雷霆并且狠狠地批评，可能学生以后再也不敢在课堂上干别的事情，但是在学生的心中会留下伤痕，可能就谈不上后来的成就了。

在日常生活中，当有人在背后传播你的谣言或是说你的坏话时，你是想找机会报复他，还是不与他争执、宽容他呢？当你的亲戚或挚友有意无意地做了对不起你的事，你是与他从此绝交，还是默默承受、宽容他呢？如果你是一个处事冷静的人，那么你就应该稳定情绪，选择宽容，这样的选择对自己对他人都有好处。因为宽容不仅可以使自己从仇恨与烦恼中解放出来，天天都有好心情，还可以让自己的身体因放松而健康，更能让我们在和谐的交际中拥有一个好人缘儿。

拥有豁达也是幸福的基础。或许在结婚之前，你会觉得自己心目中的那个他（她）很完美，简直无可挑剔，但是在漫长而平淡的婚姻生活中你才发现他（她）有缺点一大堆，根本就没有你想象的那么完美。

此时，你是愤愤然地选择离开，还是用一颗宽容的心来呵护你们之间的真爱呢？

诚然，宽容与豁达对于人生幸福是如此之重要，那么我们怎样才能使自己的心达到这种境界呢？我们认为，有几点是该明确的：

1. 你的欲望应该有个度

有官能，必然存在欲望。合理地觅食求偶，无可非议，但欲望超出了一定的原则和范围就成了罪恶。恣意纵欲，可以污染人群、腐蚀国家。克制欲望，使之合理适度，这是心归于祥和平静的一个重要法门。

2. 让自己学会无私

每个人都有各自的工作和生活。如果他在工作和生活中追求的是贡献于社会，努力创造为的是民族和国家，而不仅仅是博取功名利禄，那就往往不会为时时都可能发生的报酬不公而抱怨、牢骚满腹、耿耿于怀。相反，却会因对同胞、社会、民族有所奉献，心生畅通光明，坦然无悔。一个为自己打算的人凡事斤斤计较，一遇报酬不相应便会滋生被遗忘、被冷落、被否定的感觉，心的平衡与安宁必荡然无存。只索取不奉献，就会背弃自己作为社会成员应尽的责任。如此，固然省了精力、图了轻松、得了财富，却会为良心恒久的亏欠和懊悔所折磨，遭人白眼唾骂，更是损了人格，失了尊严。

3. 有自知之明

人们能否得到心灵豁达，能否正确评价自我和确立自我追求是很重要的。一个人评价自我，是通过认识自己的长处和短处来进行的。如果夸大长处，必会傲气盈胸，自命不凡；夸大短处，则自惭形秽，自暴自弃。而只要自我评价一旦失真，人们通常就不知道自己应该做什么和能做些什么，在追求目标的选择上就容易陷入盲目。一个人只有自我评价恰如其分时，才心宁情畅、不骄不躁、不亢不卑，因此生活目标可定得适度。一种既能充分激发自己的潜力，经过努力又能达到的目标，将使人们内心坚定踏实，永远充满乐观、自信、自尊与自豪。

追求豁达的人，必然是一个积极、认真了解自己和切切实实了解了自己的人！

4. 来点自省

人非先天就是圣人，心中难免会有这样那样的错误、暗淡、罪恶、虚伪等念头。存有了这些念头并不可怕，可怕的是放纵、任性和宽恕自己，从而造成恶性循环，永远生活在黑暗中，最后被毁灭。人们应该经常反省自己，警惕自己，告诫自己，使这些念头不重复而逐渐把它克服。一个人只有不断地清洗自己的心，扫除思想上的桎梏和精神上的烟雾，才能扩大豁达的心。雨果说："世界上最辽阔的是大海，比大海更辽阔的是天空，比天空更辽阔的是人的胸怀。"雨果所说的，正是那些豁达的人。

拥有豁达心胸，情绪便不再是负担。豁达是一种情操，更是一种修养。只有豁达的人，才真正懂得善待自己，善待他人，生活才充满快乐。这才是豁达人生！

每天前进一小步，促使人生大进步

荀子《劝学篇》有云："不积跬步，无以至千里。不积小流，无以成江海。"意思是说不积累一步半步，就没有办法到达千里的地方。小溪流如果不汇集，就没有办法形成大江大海，由此可见积累的重要作用。

人生也需要不断地积累，人生之路也由积累而成。只有脚踏实地、一步一个脚印地朝前走，只有不断充实、丰富和完善自己，才能到达你的目的地。因此，**你必须足够努力，你必须足够进取。如此，才不辜负爱你的人和你爱的人。**

很多事都没有一蹴而就的，人生的成功也不可能一步成功，因此，你需要每天都努力。

当然，这里所说的努力不是盲目地努力，而是有计划、有目的、瞄准方向的努力。我们做事必须注意行动的方向性和有效性。这样不仅节省时间，同时也更有成效，从而避免白白地忙碌而又毫无所为。

在一个法国童话故事中有一道"脑筋急转弯"的智力题：荷塘里有一片荷叶，它每天会增长 1 倍，假使 30 天会长满整个荷塘，问第 28 天荷塘里有占多少地方的荷叶？答案要从后往前推，即有 1/4 荷塘的荷叶，这时你站在荷塘的对岸，你会发现荷叶是那么的少，似乎只有那么一点点，但是第 29 天就会占满一半，第 30 天就会长满整个池塘。

正像荷叶长满荷塘的整个过程，荷叶每天变化的速度都是一样的，可是前面花了漫长的 28 天，我们能看到的荷叶都是只有那一个小小的角落。在追求成功的过程中，即使我们每天都在进步，然而前面那漫长的 28 天因无法让人享受到结果，常常令人难以忍受，人们常常只对第 29 天的希望与第 30 天的结果感兴趣，却因不愿忍受漫长的成功过程而在第 28 天时放弃。

在计量单位上，有一个较小的质量单位叫盎司。它经常会被引用来借代微不足道的事情。然而，正如荷叶的生长那样，哪怕是每次进步一盎司，到了一定的程度也会创造出伟大的奇迹！

每次进步一盎司，只要能每天都坚持不懈，就能拥有几百斤甚至上千斤的力量！无数事实证明，每次进步一点点是成功的最大秘密。

很多人终生一事无成，往往不是因为没有能力，而是缺乏耐心。他们看不上每天进步的一点点，而是急于求成，总想一口吃成个胖子，结果放弃了每天的一点点进步，从而也就放弃了希望，放弃了成功。

每天进步一点点，它具有无穷的威力，只是需要我们有足够的耐力和信心，坚持到第 28 天以后。要想每天都进步，最行之有效的方法就是制定切实可行的日常活动表。歌德曾说：向着某一天终于要达到的那个终极目标迈步还不够，还要把每一步骤看成目标，使它作为步骤而起作用。

有一份调查报告说，60% 的人目标模糊，27% 的人没有目标，这些人大多有比较安稳的生活与工作。一个人若长期没有生活目标，得过且过，自然会对生活感到厌倦，容易精神疲乏，甚至造成忧郁、焦虑等病症，所以，走出这种困境，首先应为自己订立生活目标。但每个人的条件各异，怎样制定适合自己的生活目标呢？

每天结束后填写回顾、分析日记，给自己制定合理的行动目标，既能使你摆脱不愿活动和不想做事的处境，又能给你带来活动后的满足，逐步消除懒怠与内疚。

有位因车祸而致残的年轻人问心理学家："你认为我还有前途吗？"心理学家回答道："如果你想当个跳高运动员的话，那是没有前途了；如果你想做个有作为的人的话，那就还大有前途。"就这位不幸的年轻人而言，他合理的生活目标已经在意外中突然改变了。如果他以当运动员为生活目标的话，那他一定会非常地忧虑，因为他再也不能像正常人那样运动了。

所以对这样的人而言，重新建立合理的生活目标，找一个适合自己而又喜欢的工作，会增加对自身能力的信心，会因看到希望和前途而重新振作起来。

每天对自己说：我要进步一点！坚持一段时间后你就会发现，你真的进步了。再坚持一段时间，你会发现你进步了一大截。所以，任何时候都要坚定信心，相信自己有改变生活的力量。给自己定个合理的目标，努力去实现吧！

努力的同时，不要忽略沿途的美景

有的人心中有了目标，坚定不移地去努力，马不停蹄地去工作。每天都忙忙碌碌，弄得自己疲惫不堪。事实上，这种工作和生活方式是不可取的！人不能不工作，但也不能只为了工作而忽视了享受生活。

工作只是达成自己理想和意愿、让自己生活更好的一个手段，而不是人生的全部。假若你只顾低头赶路，或者只顾朝前奔跑，旅途中有再好的风景也会被你忽略。

"人不能只靠面包过活，你的心灵需要比面包更有营养的东西。"你有多久没有唱歌，没有到大自然中走一走了？你有多久没有看一场喜爱的电影了？你有多久没有悠闲地去嚓情放歌了？是啊，对有着极大工作压力，繁重的生活负担，忙碌的现代人是该好好关爱我们日益憔悴的心灵了。

其实，每天忙忙碌碌工作的人并不见得就不能洒脱。**关键是要在忙中求闲，苦中见乐，紧张中求轻松。只要你学会享受生活，学会体验生活的快乐，你会发现世间的一切是那么美好。**

或许，在某一个夏日的午后，你一觉醒来突然发现，由钢筋水泥簇拥而起的高楼将狭长的影子倾覆在熙熙攘攘的街道上，空中纵横的电线密如蛛网，偶尔栖落的几只可爱的小麻雀远远望去如活蹦乱跳的音符，透过喧嚣，竟给人以一种恬淡澄明的美妙。

在这样一个美丽的午后，你何不走出去，带着自己的心灵一起散步，带着自己的心灵一起看看天呢？

是的，抬头看看天吧，朋友。看看苍穹云卷云舒，你会发现，你的心灵从来没有这么惬意过！看看头顶上的那片天，浮云逍遥地飘在广阔的苍穹，似奔马，似群羊，似高山，似游丝。好白的云，好美的云，就在我们的头顶上，悄然无声地上演着一幕幕精彩绝伦的剧目。

你肯定会慨叹：生活中原来有这么美的天空，生活中原来有这么美的云彩！可是，为什么你的步履总是那么匆匆，你的鞋子总是蒙着一层细土，你的履底无缘阅读洁白美丽的云朵？你的心遗忘在何处了？你的眼睛在追逐着什么？你为什么从来没有发现头顶上这片可供心灵散步的青天？

仔细阅读头顶上的这片天吧，你的答案就在其中，天上的云彩最能明白你如水的心境！

朋友，你相信吗？在这个喧嚣的世界里，有许多事情真的并不比抬头看天更重要。如果你我有缘相聚在心灵的天空，就请和我站到一起，让我指给你看吧——你我心灵的天空上，开着那么多上帝来不及采摘的花朵。

朋友，整日奔波劳苦的你不妨离开繁忙的都市，到郊外觅个好去处，呼吸着新鲜的空气，欣赏大自然的景色，于和风暖日之中执杆垂钓，亲身体验一下张志和《渔歌子》诗中"西塞山前白鹭飞，桃花流水鳜鱼肥，青箬笠、绿蓑衣，斜风细雨不须归"的垂钓意境，一定会让你留连忘返；而在垂钓时的全神贯注、静观水面鱼漂的沉浮动静，定会让你备感心旷神怡，别有一番情趣，也大有益于你的身心健康。

我们时常看到这样的新闻，某人因生活、学习、工作等压力太大而自寻短见，而有的人无论面对多么大的挫折依然乐观地生活。

显然，前者绝不可取。因为这种人拿生命当儿戏，置爱自己的人于不顾，自私到极点，彻底地不负责任。

这么说吧，如果你能担负 50 千克的重物，你背上 10 千克，你能感受到什么？不是很大的负载。那么继续，20 千克呢？然后超过 50 千克呢，你是否还能承受呢？估计你承受不了。但是反过来，如果你背上 10 千克，然后放下，再背上 10 千克，如此重复，即使再多几次，对你的影响也不会很大。

所以从这一观点来看，如果一个人面对的压力很大，那么就需要更多地放松，正负相抵，人就能保持平衡了，或者从太极的角度来看也是如此，那就是阴阳要平衡。这时候我们需要学会放松，如果压力是生活的必需品，那放松就是生活的医疗包。

努力的同时，不要忽略了沿途的美景。在节假日，不妨去郊外走走，在大自然中放空心灵，用心欣赏人生的美景，且歌且行。

Part7　志在拼搏

敢做敢闯，才不负此生

　　我们最重要的原则是：不要叫人打倒你，也不要叫事情打倒你。

——居里夫人（波兰）

敢于取舍，首先关注最紧要的事

人的一生总会有无数次选择，也有无数次放弃。究竟什么是我们应该选择的，什么才是我们应该放弃的？很多人在面对生活中的困惑时总是举棋不定，徘徊犹豫。

选择，是一门学问；放弃，是一种智慧。生活，因选择而多姿，因放弃而明朗。人生，因选择而精彩，因放弃而辉煌。

只有放得下，才能拿得起；只有有所舍，才能有所得；只有输得起，才能赢得了。能够潇洒地放弃自己所拥有的人，才是一个真正有智慧的人。

每个人一生中的每时每刻其实都是在选择中度过的。有人这样说：品味人生，最大的愉快莫过于做出选择，最大的痛苦也莫过于做出选择。人生的"棋"走好了，一生顺利和成功；走不好，一生曲折或失败。不同的选择导致命运的迥异，错误的选择会让人走尽弯路，辛苦一生却始终与成功无缘，甚至酿成人生悲剧；只有量力而行的睿智选择才会让人一帆风顺，到达理想的港湾，成就幸福的人生。

哲学家尼采曾说过：生命的本身迫使我们建立价值；当我们建立起价值，生命本身才会通过我们的评价。要想有所得，就要在有生之年充分发挥自己的特长，认真工作、学习、生活，最大化自己的价值。

世界上大多数平凡人都希望自己成为不平凡的人。他们梦想成功，梦想才华获得赏识、能力获得肯定，拥有名誉、地位、财富。遗憾的是，真正能做到的人微乎其微。

那些成功的人几乎都有一个共同的特征：不论智商高低，也不论从事哪种行业、担任何种职务，他们都能随时保持积极进取的态度，十分看重自己的价值，对目标执着并且绝对坚持到底。

除了音乐家、画家、运动员依赖某些天赋的能力才有可能做出一番成就外，绝大多数人都是靠后天的训练与努力获得成功的。

一位知名的经济学教授曾经引用三个经济原则对如何最大化自己的价值做了贴切的比喻。

1. 比较利益原则

他指出，正如一个国家选择经济发展策略一样，每个人应该选择自己最擅长的工作，做自己专长的事，才会愉快胜任。

换句话说，你不必羡慕别人，你自己的专长对你才是最有利的，这就是经济学强调的"比较利益"。

2. 机会成本原则

一旦自己做了选择之后，你就得放弃其他的选择。两者之间的取舍就反映出这一工作的机会成本，于是你必须全力以赴，增加对工作的认真度。

3. 效率原则

工作的成果不在于你工作的时间，而是在于成效的多少、附加值有多高。只有遵循"效率原则"，自己的努力才不会白费，才能得到适当的报偿与鼓舞。

机会不是等待，如果你迟疑，它便会投入别人的怀抱，永远弃你而去。

你不必看轻自己，你要相信你的能力是独一无二的，你正在完成一件了不起的事，有朝一日，你真的可以变得"很不平凡"。

　　脚踏实地是你在成长中不可或缺的。每个人在年轻时都会立志，有人想当科学家、发明家，有人想当大文豪，个个看起来志向远大。年轻人难免都会"崇拜偶像"，希望找到自己学习的典型，但不是每个人都能当科学家、发明家。培养一技之长，一步一步去累积自己的个人资源，最终才会如愿以偿。

　　该花的心血一定要投入，该有的过程一定要经过。人生充满变数，一个人的成败与否，不单看他的资质还要看毅力。人应该要有梦想，否则就失去了奋斗的目标与方向，但成功的条件必须日积月累地做好准备，你可以立志做大老板、做大文学家，但绝对不要躺在那里等待。

　　如果你从一开始就在做自己最擅长的事，在选择中注重效率，学会取舍，在成长中把自己的价值最大化，首先关注最紧要的事，你就一定会有所成就。

贫穷不可怕，可怕的是你心里想着贫穷

曾经有一部风靡全球的畅销书《秘密》，书中告诉我们一个重要的法则：吸引力法则。你关注什么，就会吸引什么。也就是说，你现在的一切都是你曾经的心里所想吸引来的。

有这样一个传说：

古时候有一个勤奋好学的木匠，有一次他奉命为一位法官修理椅子，结果他不但活儿做得十分精细，而且对法官的椅子进行了改装。旁边的人对此十分不解，于是问他为什么非得改装不可。木匠解释说："我要让这把椅子经久耐用，好等我自己成为法官时坐上它。"没想到木匠最后心想事成，果真成了一名法官，坐上了他当初改装的这把椅子。

传说终归是传说，可是，"心想事成"确实存在于现实之中。其中的秘密，从心理学角度来讲，是人的意识和潜意识在起作用。

人的心灵有两个主要部分，那就是意识和潜意识。当意识作决定时，潜意识则做好所有的准备。也就是说，意识决定了"做什么"，潜意识便将"如何做"整理出来。意识好像冰山露出水平线上的一角，而潜意识就是水平线下面很大很深的部分。有这样一个用科学术语对二者作的比喻：人体的神经系统特别是大脑，就相当于电脑的"硬件"，意识就是这部无比精密的电脑的"操作者"，潜意识就等于电脑的"软件"。

明白了意识与潜意识的关系和奥秘，解释"心想事成"也就比较容易了。一个人如果在自己的大脑中设定一个梦想，并且下定决心要将它变成现实，那么，他就会在意识的驱动和潜意识的力量下，跨越前进道路上的重重障碍，他的成功也就有了切实可靠的保障。这就是"心想事成"的秘密。

让我们结合实际来见证一下"心想事成"的奥妙。

19世纪20年代末，从纽约华尔街开始，一场可怕的经济危机迅速吞噬了整个美国，并且很快涉及到了全世界。在萧条的艰难时世中，商人的货物无人问津，失业人口剧烈增加，处于困境中的人们已经极少出门进行娱乐消费了。

经营娱乐业的唐纳这时也未能幸免。对他来讲，这是他一生中受到的真正的也是最为残酷的打击。没有客人消费，自己的公司就无收入可言，资金也就无法周转，贷款当然无法偿还了。唐纳真的已经到了山穷水尽、濒临破产的境地。

但就在这时，唐纳从一本杂志上发现一张照片，上面是位于纽约百老汇的一家剧院，名叫阿斯陀亚剧院，这是一家以豪华而著称的著名剧院，历来是上层人物云集的场所。唐纳一直就非常喜欢它，并梦想着有朝一日能够拥有它，于是，他随手将照片撕了下来，装在了袋里。

这成为了唐纳的一个梦想，成为了支撑他渡过难关的力量。因为对于乐观的唐纳来说，每次看到它都是对自己的一种激励。

1931年，大萧条还在继续。此时已一筹莫展的唐纳为了保住自己多年来苦心经营的成果，只得忍痛将以自己名字命名的心爱的产业"唐纳大剧院"卖给了他的债主。

虽然唐纳此时已一文不名，但他坚信自己的经营能力及经验便是一种无形的巨大财富。唐纳相信：没有他的经营，所谓的"唐纳大剧院"只不过是一具空壳罢了。

　　果然不出所料没过多久，他的债主主动找上门来，邀请唐纳亲自去主持"唐纳大剧院"的经营工作，条件是由唐纳本人掌握 1/3 的股份。

　　于是，经过一番周折，唐纳还是保住了自己的部分产业，虽然只有 1/3。

　　因为心中有梦想，也为了消除资金方面的困难，唐纳又做起了石油生意。幸运的是就在他投资后不久，这场史无前例的大萧条终于结束了，世界经济开始重新复苏。唐纳由于及时投资石油生意，又比别人早走了一大步，因而获得了巨大的利益，他也因此而收回了心爱的"唐纳大剧院"。

　　在这之后，唐纳已不再满足于只在家乡发展了。他先在西海岸的旧金山买下了两座剧院，在故乡新奥尔良又买了几座。紧接着，他又把眼光集中在了中部地区的大都市芝加哥。积极筹划收购那里号称世界最大剧院的"芝加哥大剧院"。为了集中精力，他将一批经营不善或设备陈旧的剧院转手出售，这其中包括当初让他费尽心机才得以保存的"唐纳大剧院"。

　　在唐纳的事业有了进一步发展之后，他又一次来到芝加哥，在那里兴建另一座剧院。对此，人们议论纷纷，舆论普遍认为，在一个地区拥有两家剧院，岂不是自己同自己争市场、抢生意吗？这不是在削弱自己的竞争实力吗？但唐纳不这么看，他有自己的见解。

　　唐纳说："在像纽约和芝加哥这样庞大的市场里，两家剧院其实是不算多的。更何况，我在芝加哥的两家剧院是不同档次的：一个是经济实惠大众型的，另一个则是高档华贵豪华型的，它们吸引的也是不同层次的客人。纽约的两家剧院也是如此。因此，这样不但不会造成资源浪费，相反，它会加强两者之间的分工与合作，提高整体的竞争力。"

事实证明唐纳的决策是正确的。在这以后，纽约和芝加哥的四家剧院为他带来了滚滚财富，使他一步步踏上了娱乐大亨的宝座。

的确，意识和潜意识操纵着一个人一生的命运。如果意识给潜意识一个目标，潜意识就会为实现这个目标而行动起来；如果意识给潜意识一个指令，潜意识就会认真去执行这个指令。所以说，一个人想着成功，就可能成功；想着失败，就真的可能会失败；想着富有，就可能富有；想着贫穷，就真的会贫穷。成功和财富是产生在那些有了成功意识和成功梦想的人身上的，而失败和贫穷则源于那些不自觉地让自己产生失败意识和缺乏梦想的人身上。

当然，"心想事成"也是有前提的。神话中所说的"点金石"不可能存在，你所树立的梦想必须建立在你自身及环境条件的基础上，同时，关键是你还得要为实现你的梦想而付诸行动；一旦你发现自己的梦想是不切实际、不可能实现的，你就应该及时调整自己的方向，千万不能"不撞南墙不回头"。不管怎么说，你的前提最终还是应该建立自己的梦想。

朋友，如果你现在还在为不能出人头地而自怨自艾，或者在为遭遇坎坷而怨天尤人，再或者为自己无房无车而慨叹命运的不公，那么，**请放下心中的包袱，先为自己树立一个梦想。然后在意识的指导下，调动你的潜意识，关注你想要的一切。通过你的努力，你的梦想就一定会变成现实。**

没有规划的人生，谈不上成功

为什么做同一件事情有的人能够成功，而有的人却会失败？因为有没有计划能力很关键。有的人下一步要做什么早就心中有数，而有的人从来不做规划，等到问题来了手忙脚乱。

很多朋友都喜欢下象棋，有的人拿起棋子就下，有的人在落子之前能看出三五步，有的高手在每下一步棋之前能看到七八步。可见，做事之前好好规划多么重要。

任何一座建筑也都是事先要规划好蓝图、设计好图纸后再开工。**人生短暂，时间富贵，在关键时刻一定要先做好计划，然后一步步去实施，做起事情来才会更有效率，才会更快地接近目标。**

计划能力是能力和水平的体现。无论是企业还是个人，都需要适时规划。

对于一个不断发展壮大、人员不断增加的企业和组织来说，计划也显得尤为必要。当企业小的时候还可以不用写计划，因为企业的问题并不多，沟通与协调起来也比较简单，只需要少数几个领导人就把发现的问题解决了。但是当企业大了，人员多了，部门多了，问题也多了，沟通也更困难了，领导精力这时也显得有限，计划的重要性就体现出来了。

个人的发展也需要做长远的职业规划。当你具备很强的分解能力时，计划能力随之而提高。分解能力是基础，相对于计划能力，是核心中的核心。有了分解能力作为基础，在处理其他项目问题，诸如资源、风险、沟通等时，你同样可以做到思路清晰、目标明确、有的放矢。在项目之外，有很强的分解能力为基础，遇到任务或问题时，你总可以理出清晰的思路，找到解决办法。所以，领导首先需要练好工作分解基本功，提高项目的计划能力。

工作分解能力和计划能力得到提高后，你就具备了项目经理最核心的能力，绝大部分的项目工作就可以有效地控制在你手中，你会感觉到许多工作都在按照你的思路进行着。随着经验的不断积累，你的领导能力、沟通能力、团队建设能力等得到提高，你就成为了令人钦佩的、合格的领导。

设定明确的目标对于每一位职场人士都相当重要。为了最终达成目标，目标设定可以按远期、中期、短期来进行，对短期目标还需要分解成一系列具体的、明确的小目标。这样有利于一步一步地实现每一阶段的目标。

1970年，美国哈佛大学对当年毕业的天之骄子们进行了一次关于人生目标的调查：27%的人，没有目标；60%的人，目标模糊；10%的人，有清晰但比较短期的目标；3%的人，有清晰而长远的目标。1995年，即25年后，哈佛大学再次对这一批1970年毕业的学生进行了跟踪调查，结果是这样的：3%的人，25年间他们朝着一个既定的方向不懈努力，现在几乎都成为社会各界的成功人士，其中不乏行业领袖、社会精英；10%的人，他们的短期目标不断实现，成为各个行业、各个领域中的专业人士，大都生活在社会的中上层；60%的人，他们安稳地生活与工作，但都没什么特别突出的成绩，他们几乎都生活在社会的中下层；剩下27%的人，他们的生活没有目标，过得很不如意，并且常常在抱怨他人、抱怨社会、抱怨这个"不肯给他们机会"的世界。其实，他们之间的差别仅仅在于：25年前，他们中的一些人知道自己的人生目标，而另一些人不清楚或不是很清楚自己的人生目标。

如果人生没有规划，就谈不上成功。中国有句老话："吃不穷，喝不穷，没有计划就受穷。"尽量按照自己的目标有计划地做事，这样可以提高工作效率，快速实现目标。

做事而没有计划，你就抓不住主次，忙碌了一天结果什么也没完成，这很容易导致人丧失信心、挫伤锐气。在人的一生当中，你没办法做好每一件事情，但是你永远有办法去做你认为最重要的事情，计划就是一个排列优先顺序的办法。

记住：凡事要有计划，有了计划再行动，成功的机率会大幅度提升。只有行动，没有计划，是所有失败的开始。

所以，无论做什么事情，事先都要有周密的计划、明确的目标。这样才能在实施的过程中有遵循的依据，才能最大限度地节省人力和物力，把事情办好。除因不可抗因素造成的原因外，最好不要中途随意改变计划，这就要求在制定计划时要有预见性和周密的论证。

按计划行事，还可以给监督检查提供依据，减少盲目性，增强自觉性。对提高工作效率来说，更是不可缺少的一环。成功的人就善于规划他们的人生，他们知道自己要达成哪些目标，拟定好优先顺序，并且拟定一个详细的计划，按计划行事。

诚然，有的时候你没有办法百分之百按照计划进行。但是，有了计划，就为你提供了做事架构的优先顺序，让你可以在固定的时间内，完成需要做的事情，这会使你事半功倍。

在实际的项目管理过程中，可以按照下面的步骤编制项目计划：

首先要明确项目的目标和要求。对目标和要求的理解及描述不能只站在自己一方，而要关注用户的立场，与用户的需求挂起钩来，才能很好地与用户沟通并达成一致。同时，要搞清楚完成项目目标给定了哪些条件。

第二步，根据项目的目标和要求，确定项目的工作范围及不在范围内的工作。工作范围的确定需要用到 WBS，即工作分解结构，对于工作范围定义来说，分解到工作包即可。

第三步，根据工作范围定义，继续分解完成各工作包需要的活动。根据活动间的关系排出活动先后顺序，估计活动所需时间，确定活动需要的资源，即作出项目时间进度计划。同时，也可编制出初步的资源计划。

第四步，有了进度计划和资源计划，根据完成项目活动所需资源情况即可进行费用预算和分配，得到项目费用计划。

第五步，根据进度计划、资源计划以及费用计划，可以确定哪些资源满足，哪些资源需要通过采购而取得，哪些资源采购更合算，什么时候需要什么资源，从而得到项目采购计划。

第六步，需要考虑项目风险，项目的风险管理主要有风险识别、分析和应对。首要的是风险识别，风险识别实际上是对照项目的目标和工作范围找出影响目标完成的可能因素，然后再分析这些因素发生的可能性及影响程度，最后制定出应对计划。

第七步，编制质量计划和沟通计划。

第八步，将以上计划整合，平衡资源和其他因素，形成项目整体计划。

遵循以上步骤，可以编制出项目整体计划。这个项目计划涉及到 PMBOK（项目管理知识体系）所讲到的九大知识领域，可以说，这个计划够全面了。但是，这个计划是否能够细致而全面有一个前提条件，就是工作分解能力。层次不清，分解不细，该想到的没想到，出来的计划可想而知。

有效的工作分解应该注意以下三点：

第一，分解方式选择。可以按照产品结构分解，按照平面或空间位置分解，按照功能分解，按照实施过程分解，不同项目或不同的分解层次可以按照不同的分解方式进行分解。在按照实施过程分解时，往往是按照项目生命周期进行的，根据项目特点将项目分成若干个阶段，这时要注意不要与项目管理的五个管理过程组相混淆。

第二，完备。所谓完备是指考虑到了每一个方面，没有遗漏。

第三，相互独立，无重叠。是指所有同一层次的内容是独立的，可清楚区分的，不相互包含。

没有规划的人生不是完整的人生。如果你能严格按照上述步骤去做，即使你没有成功，也是在成功的路上。

贪多嚼不烂，一次只做好一件事

要想成功，就必须记住：一次只做好一件事。因为只有这样，我们才能够集中有限的力量，才能够逐个击破，以实现更大的目标，实现人生的超越。

数年前，哈佛商学院的一个行为问题调查组对一百名即将走出哈佛校门的大学生进行了一次抽样调查，向每一个人提出了这样一个问题："十年以后，你希望在什么地方，希望从事什么工作？"

毕竟是哈佛大学的学生，他们自从走入了哈佛大学的校门，就被教导要出类拔萃，要保持名列前茅；再说，就凭他们能走进哈佛的大门这一点，就知道他们的回答一定不简单——果然，这一百名大学生各自回答说，他们想发财、出名、经营大公司，或者从事能影响和主宰我们所生存的世界等的重要工作。

对于这样的回答，调查员们由于早已司空见惯所以并不感到惊奇。可是，令他们感到好奇的是，在被询问的一百名学生中有十名年轻的挑战者不仅决心想征服世界，而且将目标清清楚楚地写了出来，说明他们什么时候即将取得什么成就，而其他学生都只是笼统地说"想……"却没有写出各自的具体目标。调查员们于是推断，这十名学生的命运肯定与众不同。

果然，十年之后，调查员们又想方设法对那一百名毕业生进行了一次深入调查，发现了一个令他们感到震惊的事实：那十名曾详细写下他们各自具体目标的学生，他们的财产竟占那一百名学生总财产的 96%，也就是说，那十名学生的成功率超过其他同学的十倍。

为什么会出现"96%"这样一个令人吃惊的数字呢？从表面上看，我们或许会发现这是那十名学生"写"下了自己目标的结果，可从深层次来看，这是因为他们不仅拥有了一个大目标，而且善于将这个大目标具体化——具体到每一个小目标上，从而能够"一次只做好一件事"。

实际上，在这个世界上所有卓有成就的人当中几乎人人都不仅确立自己的大目标，而且每次都以五年为一期，制定他们的"五年计划"。他们之所以选择五年为一期，是因为期限太短的目标似乎不太具有令人振奋的快感，且不具挑战性；而十年又过于遥远，缺乏马上要做的紧迫感。所以五年对个人目标来说似乎最为合适。

接下来，当他们写出了自己的五年目标并做出承诺后，他们有一个成功的关键步骤，那就是"全面出击，各个击破，每次只做好一件事"。

按照下面的步骤去做，或许会对你有所帮助：

1. 将你的目标分成 5 份

这样做的结果是，你的"五年计划"变成了五个"一年计划"，你拥有了五个一年目标，于是，你就可以确切地知道从现在到明年此刻你必须实现的目标了。

2. 将每年的目标分成 12 份

如此一来，你将进一步有了每一个月的目标，从而让你明确从现在到下个月的此时你应该实现的目标。

3. 将每月的目标分成 4 份

现在，你已经能够知道下星期一早上你必须着手做什么了，这会让你的行动更加迅速和明确。

4. 将每周的目标分成 4、5、6 或 7 份

用哪个数字划分，这要取决于你为实现一个小目标而要花费的具体天数。这样一来，你已经明白了今天你要做的工作。那么，开始行动吧！

在完成了上述程序之后，你就完全可以做到"一次只做好一件事"。每天早晨你就可以胸有成竹地奔向坚定不移的目标，也就会日复一日、年复一年地沿着康庄大道到达你最喜爱的乐土了。

事实上，将你的目标具体到"一件事"这样的小目标，你就可以发挥个人所长，集中精力、全力以赴地完成既定工作，从而获取个人的成功和幸福。同时，分成可行的"一件事"，也可以减轻你因为茫然不知所措而产生的烦躁，这对你增强自信有着不可忽视的积极作用。

同时，你会发现一个令你惊喜的现象：**当你将自己的目标具体到"一件事"的时候，它能帮助你在最短的时间内判断你是否真正瞄准了目标，而不至于等你走到山顶时才发现自己走错了。**这对于一个生命和精力都十分有限的人来说是多么值得庆贺的一件事！

此外，你或许还会发现，每个星期需要 4 天才能完成的计划自己竟只用了 3 天，那么在第二个月的月底，你可能已经在做第四个月的工作计划了。

如果你能按上述方法去做，你就会消除成功遥不可及的神秘感，从而将自己的目标彻底地化为行动，你离成功也就更近了一步。

做自己的伯乐，时刻关注自己的进步

我们上学时都学过这样一句话："千里马常有，而伯乐不常有。"于是，大家都相信，一定要有伯乐出现，看出你自己的潜能并且尽力栽培你，你的天赋才有施展的舞台，才能发扬光大。也正因如此，现实中有那么多自认为是怀才不遇的"千里马"，一直埋怨时运不济，为什么"伯乐"还没有出现，害得自己的天才被埋没。

可是，这些人有没有想过，既然自己是"千里马"，你为什么不自己做自己的"伯乐"呢？何苦要用一生的时间等候那个很可能永远也不会出现的"伯乐"呢？何况，现实中"伯乐"所扮演的大都不是"一路扶持、始终相依"的角色，多半只是一个使成功人士走向某一条路的启蒙者、一位曾经鼓励过成功者的恩师、一个精神支柱，甚至是一个曾经打击过成功者、说过重话的人。他或许曾陪伴成功的人走过一段路，但最后终须放手，重要的是：障碍，还是要自己跨越。

曾经荣获世界羽毛球单打冠军的中国选手熊国宝，有一次在台湾接受记者访问时，有记者照惯例问他："你能赢得世界冠军，最感谢哪位教练的栽培呢？"不善言辞的熊国宝思考了一阵子，最后坦诚地说："如果真要感谢的话，我最应该感谢的是自己的栽培。就是因为没有人看好我，我才有了今天。"

原来，熊国宝当初入选国家代表队时只是个绿叶的角色，虽然那时候他的球已经打得相当出色，可是由于他平时沉默寡言，年纪又比最出色的选手大了些，而且没有一点运动明星的样子，所以没有一个人认为他能够为国争光。教练选了他，并不是要栽培他，而只是要他陪着明星选手练球。

在入选国家队后的许多年里，熊国宝就那样一直陪着别人打球。可是，像所有进入国家队的球员一样，他的心中有夺冠、为国争光的梦。所以，他一直在努力，一直在寻找机会。即使是零下十几度的冬天，他仍然早上五点去晨跑练体力。由于他是好多队友的最佳练球对象，所以他每天练球的时间都比别人长很多，这让他的技术日趋成熟。

他荣获世界冠军的那一次是垫档入选参加世界大赛的。当时中国队第一场就遇到了最强劲的对手，为了保存实力，熊国宝被派上了场，大家都当他是去"牺牲"打的，没有人在意他会不会赢。可是，在熊国宝的眼中，这是一次千载难逢的好机会，没有"伯乐"，他就做自己的"伯乐"。心存必胜的决心，他一路势如破竹地赢下去，最后甚至赢了教练心中最有希望夺冠的队友，终于夺得了世界冠军。

没有"伯乐"，他一样证明自己是"千里马"。

人生最好的投资就是投资自己；这一生最值得栽培的人就是自己。如果你是千里马，那根能让你跑得快一点的鞭子百分之九十九是握在自己手中的，而方向也是由自己操纵的。

从根本上说，做自己的"伯乐"就是要培养一种独立自强的能力。一个人如果总是等待别人的帮助，那他是永远也不可能超越平凡的。可是，在芸芸众生中，有多少人能够真正靠自己的双脚堂堂正正地立身于社会之中呢？除了那些真正的强者，大多数人从小就习惯了依赖，不是等着从富有的父亲、叔叔或是某个远亲那里弄到钱，就是等着那个被称为"运气""发迹"的神秘东西来帮他们一把，甚至于有很多人根本不知道自己等的是什么，而总是不肯自己行动起来，用自己的双手挖掘属于自己的"金矿"。这样的人生，即使拥有了财富和地位，又怎能称得上是成功的人生呢?

自强是打开成功之门的钥匙，也是汲取前进力量的源泉。在生活和工作中培养自强的能力，从独立处理一件小事做起，独立思考和创造，制定计划并付诸实施，你就能将自己的潜能开发出来，而不是依靠别人。

做自己的伯乐吧! 在充满风浪的人生海洋中，只有自己才能渡自己。

敢闯敢干，才能成就王者风范

比尔·盖茨曾说过：**你不要认为那些取得辉煌成就的人有什么过人之处，如果说他们与常人有什么不同之处，那就是当机会来到他们身边的时候，立即付诸行动，决不迟疑。这就是他们的成功秘诀。**

所以，机会来临千万不要犹豫，马上行动就是你走向成功的必经之路。人生中总是有好多的机会到来，但总是稍纵即逝。我们当时不把它抓住，以后就永远失掉了。

许多成功的人之所以取得成功，就是因为他们敢想敢做。比尔·盖茨正是这样的一个人。

来看看最初的他是怎样寻找赚钱的机会的：他在承接信息科学公司的项目成功后，信心大振，又与保罗·艾伦琢磨起了新的赚钱路子。不久，他们成立了一家自己的公司，名为交通数据公司。

他们为什么要办这样一家公司呢？当时，几乎所有市政部门都使用同一种装置来测量交通流量，这种装置是由一个金属盒子联接一条横跨路面的橡胶管组成的。金属盒中有一盘16轨纸质磁带，当有车从橡胶管上经过时，这台机器就会在磁带上打上0或1这两个二进制代码。这些数字反映出车辆经过的时间和流量，市政部门雇用私人公司将这些原始资料译成信息以供有关工程师们分析研究，如以此来决定何时该亮红灯或绿灯。

原先为市政公司提供服务的私人公司效率低而且要价高，这为盖茨和艾伦提供了竞争取胜的机会。他们用电脑来分析这些磁带，然后把结果卖给市政部门，他们比对手既快又便宜。盖茨雇用湖滨中学几个七八年级的学生把磁带上的数据誊写到电脑卡上，然后盖茨把它输入到电脑里。接下来，他用自己设计的程序将这些数据转换成易读的交通流量表。

当交通数据公司开始正常运转后，艾伦决定制造自己的电脑以便直接分析磁带，这样就可免去手工劳动了，他们聘请了一位波音公司的工程师来协助设计硬件。盖茨拿出360美元购买了一个英特尔公司的新型8008微处理器芯片。他们将一台16轨纸质磁带阅读器连接到这台电脑上，然后把交通流量记录磁带直接输进去。

与后来的微机相比，这台"土制"电脑是非常原始的，只是勉强能用而已，还不能保证它不出故障。有一次，盖茨洋洋得意地在餐厅向一位市政官员演示他的交通数据电脑时，机器突然卡了壳。盖茨鼓捣了半天，机器就是不听使唤，那位官员因此失去了兴趣。盖茨觉得很没面子，便向他母亲求援："告诉他，妈妈！告诉他，它确实能工作！"

盖茨和艾伦利用交通数据公司赚了大约2万美元。但是市政公司并非天天需要进行交通流量分析，因此，这是一种越做越小的生意，公司不会有多大发展前途。当盖茨为交通数据公司招揽生意时，他又萌发了一些新的赚钱计划。不久，盖茨又与埃文斯合作成立了一个"逻辑仿真公司"。

1972年5月，湖滨中学校方授权他们设计全校400多名学生的课程表程序并希望这套电脑软件可以从秋季72－73学年开始启用。这个任务落到了盖茨和埃文斯肩上。

真是祸不单行，接受任务不到一周，肯特·埃文斯在一次登山事故中不幸遇难。夏天刚开始，盖茨去了华盛顿特区当了一名众议院服务员。当国会夏季休会时，盖茨回到西雅图，与艾伦一起进行设计课程表的工作。

他们利用上次同信息科学公司的交易中得到的免费电脑及时来进行这项程序设计，同时湖滨中学也为设计课程表的电脑机时支付了费用。

任务完成后，他们最后获得了2000美元的酬金。课程表软件设计取得成功后，盖茨又继续寻找其他机会赚钱。他给周围的学校发函，表示愿意为它们设计课程表程序，并愿意提供九五折优惠。

他在联络信中说："我们应用了一种由'湖滨'设计的独特的课程管理电脑系统。我很荣幸地向贵校推荐这一产品。服务上乘，价格优惠——每个学生收费22.50美元。望有机会进一步与贵方商洽此事。"

可惜，他的业务联系未取得效果，因为不是每个学校都需要这种服务。

盖茨虽然聪明，以他当时的电脑水平肯定不会有多了不起，但这种赚钱心切的态度确实很了不起。很多事就是这样，当你有达到某一目的的强烈愿望并以这种愿望作为行动的内驱力时，就极有可能达到目的。

这是因为，不管是聪明也好，愚蠢也好，都不可能要风得风要雨得雨；也不可能处处倒霉，步步不顺。如果达成目的的愿望不够强烈，一遇到不顺利就可能退缩不前，又怎能步入后面的顺境？而具有坚定信念的人，眼光盯着自己的目标，不以一时一事动摇自己的决心。这样，将逆境闯过去，在顺利时求发展，自然能一步一步走向成功。

同时，上述事例也告诉我们敢想敢做敢于尝试才能取得成功。与其不尝试而失败，不如尝试了再失败，不战而败是一种极端怯懦的行为。如果想成为一个成功者，就必须具备坚强的毅力以及勇气和胆略。

　　当然，敢闯敢干并非铤而走险，敢冒风险的勇气和胆略是建立在对客观现实的科学分析的基础之上的。顺应客观规律，加上主观努力，力争从风险中获得利益，这才是成功者必备的心理素质。

与其在安逸中老去，不如在风雨中绽放

生活中有那么多人没有确定目标和抱负，没有规划良好的人生计划，只是一天天地得过且过。持有这种人生态度的，不要说取得全面的成功，即便是想取得某一领域的成功也是不可能的。

在生活的海洋中，我们随处可以看到这样一些年轻人：他们毫无目标地随波逐流，既没有固定的方向，也不知道停靠在何方，他们在浑浑噩噩中虚度了多少宝贵的光阴，荒废了多少青春的岁月。他们做任何事时都不知道其意义所在，只是被裹挟在拥挤的人流中被动前进。如果你问他们中的一个人打算做什么、他的抱负是什么，他会告诉你，他自己也不知道到底要去做什么。他只是在那儿漫无目的地等待机会，希望以此来改变生活。

怎么可能指望一个在生活中没有目标的人到达某个目的地呢？怎么可能指望这样的人不处在混沌和迷惘当中？

从来没有听说过有懒惰闲散、好逸恶劳的人取得多大的成就。只有那些在达到目标的过程中面对阻碍全力拼搏的人，有可能达到全面成功的巅峰，才有可能走到时代的前列。

对于那些从来不尝试着接受新的挑战、无法迫使自己去从事对自己最有利的却显得艰辛繁重的工作的人来说，他们是永远不可能有太大成就的。

任何人都应该对自己有严格的要求。他不能一有机会就无所事事地打发时光；他不能放任自己清晨赖在床上，直到想起来为止；

他也不能只在感到有工作的心情时才去工作，而必须学会控制和调节自己的情绪，不管是处于什么样的心境都应当强迫自己去工作。

绝大多数胸无大志的人之所以失败是因为他们太懒惰了，因而根本不可能取得成功。他们不愿意从事含辛茹苦的工作，不愿意付出代价，不愿意作出必要的努力。他们所希望的只是过一种安逸的生活，尽情地享受现有的一切。

在他们看来，为什么要去拼命地奋斗、不断地流血流汗呢？何不享受生活并安于现状呢？

身体上的懒惰懈怠、精神上的彷徨冷漠、对一切放任自流的倾向、总想回避挑战而过一种一劳永逸的生活的心理，所有这一切就是使那么多人默默无闻、无所成就的重要原因。

对那些不甘于平庸的人来说，养成时刻检视自己抱负的习惯并永远保持高昂的斗志是完全必要的。要知道，一切都取决于我们的抱负。

一旦它变得苍白无力，所有的生活标准都会随之降低。我们必须让理想的灯塔永远点燃，并使之闪烁出熠熠的光芒。

如果一个人胸无大志，游戏人生，那是非常危险的。比如，当一个人服用了过量的吗啡时，医生知道这时候睡眠对他来说就意味着死亡，因而会想方设法让他保持清醒。有的时候，为了达到这个目的必须采用一些非常残忍的手段，如使劲地捏、掐病人，或者是对他进行重击。

总之，必须用一切可能的手段来驱逐睡魔。在这种情况下，一个人的意志力就起着决定性的作用，一旦他意志消沉陷入睡眠，那么他很可能再也不会醒过来了。

我们随处都可以见到这样一些人：他们有着最良好的装备，具备一切最理想的条件，而且也似乎是正在整装待发，然而，他们行动的脚步却迟迟不能挪动，他们并没有抓住最好的时机。造成这一现象的原因就在于，在他们身上没有前进的动力、没有远大的抱负。

一块手表可能有着最精致的指针，可能镶嵌了最昂贵的宝石，然而，它如果缺少发条的话仍然一无用处。同样，人也是如此，不管一个年轻人受过多么高深的大学教育，也不管他的身体是多么健壮，如果缺乏远大志向的话，那么他所有其他的条件无论多么优秀都没有任何意义。

有这样一些颇具才干的人，尽管年逾三十，但仍然没有选择好一生的职业。他们说并不知道自己适合做什么。对于这样的人来说，即便再才华横溢，也会在漫无目的的东碰西撞中磨蚀了身上的锐气。

雄心抱负通常在我们很小的时候就初露锋芒。如果我们不仔细倾听它的声音，如果它在我们身上潜伏很多年之后一直没有得到任何鼓励，那它就会逐渐地停止萌动。原因很简单，就跟许多其他没被使用的品质或功能一样，当它们被弃置不用时，它们也就不可避免地趋于退化或消失了。

这是自然界的一条定律，只有那些被经常使用的东西才能长久地焕发生命力。一旦我们停止使用我们的肌肉、大脑或某种能力，退化就自然而然地发生了，而我们原先所具有的能量也就在不知不觉中离开了我们。

如果你没有去注意倾听心灵深处"努力向上"的呼声，如果你不给自己的抱负时时鞭策加油，如果你不通过精力充沛的实践有效地对其进行强化，那么，它很快就会萎缩死亡。

没有得到及时支持和强化的抱负就像是一个拖延的决议。随着愿望和激情一次次地被否定，它要求被认同的呼声也越来越微弱，最终的结果就是理想和抱负彻底消亡。

在我们周围的人群中，这种抱负消亡、理想灭失的人数不胜数。

尽管他们的外表看来与常人无异，但实际上曾经一度在他们的心灵深处燃烧的热情之火现在已经熄灭了，取而代之的是无边无际的黑暗。他们在这块大地上行走，却仿佛只是没有灵魂的行尸走肉。他们的生活也就变得毫无意义，不管是对他们自己还是对这个世界，他们的存在都变得毫无价值。

如果说在这个世界上存在着一些可怜卑微的人的话，那么毫无疑问，那些抱负消亡的人是属于其中的一类——他们一再地否定和压制内心深处要求前进和奋发的呐喊，由于缺乏足够的燃料，他们身上的理想之火已经熄灭了。

对于任何人来说，不管他现在的处境多么恶劣，或者先天的条件多么糟糕，只要他保持了高昂的斗志，热情之火仍然在熊熊燃烧，那么他就是大有希望的；但是，如果他颓废消极，心如死灰，那么，人生的锋芒和锐气也就消失殆尽了。

在我们的生活中，最大的挑战之一就是如何保持对生活的激情，远离茫无目的的生活，坚定明确的奋斗目标，永远让炽热的火焰燃烧，并且保持这种高昂的境界。

然而，有许多人往往以这种想法从心理上欺骗自己、麻醉自己。他们天真地认为，只要自己有乐观向上、期盼着实现自己的理想和抱负的想法，他们实际上就已经达到了目标。

这种光说不做或者做起事来拖泥带水的人，实际上只是在内心里担心成功的幻想被拿到现实中去检验。他们的等待一方面是打算多享受一会儿"可能成功"的幻想，另一方面是想有可能天降大运，自然功成。然而，天上只下过风雪雨雹，从来没掉过馅饼和大运。

理想和抱负是需要由众多的不同种类的养料来进行滋养的，这样才能使之蓬勃常新，空虚的、不切实际的抱负没有任何意义。只有在坚强的意志力、坚韧不拔的决心、充沛的体力以及顽强的忍耐力的支撑下，我们的理想和抱负才会变得切实有效。

与其在安逸中老去，不如在风雨中绽放。人生短短数十年，当你感叹平庸的同时，何不拒绝平庸，活出真我的自己？

Part8　坚定目标

勇敢就是，去做自己害怕的事情

　　我认为克服恐惧最好的办法理应是：面对内心所恐惧的事情，勇往直前地去做，直到成功为止。

——罗斯福（美国）

犹豫不决是绊脚石，不要让它阻碍你

很多人都有犹豫的习惯。无论做什么事都是左右徘徊，左顾右盼，思前想后，拿不定主意。有些人在该做决定的时候没有及时作出决定，因而耽误了大好时机，甚至与好运擦肩而过。

犹豫的习惯往往会妨碍人们做事，因为犹豫会消灭人的创造力。比如写信，一收到来信就回复是最为容易的，但如果一再拖延，那封信就不容易回复了。因此，许多大公司都规定，一切商业信函必须于当天回复，不能让这些信函搁到第二天。其实，过分的谨慎与缺乏自信都是做事的大忌。有热忱的时候去做一件事，与在热忱消失以后去做一件事，其中的难易苦乐要相差很大。趁着热忱最高的时候，做一件事情往往是一种乐趣，也是比较容易的；但在热情消失后再去做那件事，往往是一种痛苦，也不易办成。

命运常常是奇特的，好的机会往往稍纵即逝，有如昙花一现。灵感往往转瞬即逝，所以应该及时抓住，要趁热打铁、立即行动。如果当时不善加利用，错过之后就后悔莫及。

比如，当一个生动而强烈的意念突然闪耀在一个作家脑海里时，他就会生出一种不可遏制的冲动，提起笔来，要把那意念描写在白纸上。但如果他那时因为有些不便无暇执笔来写而一拖再拖，那么，到了后来那意念就会变得模糊，最后灵感竟完全从他思想里消逝了。

其实，一个神奇美妙的幻想突然跃入一个艺术家的思想里，迅速得如同闪电一般，如果在那一刹那间他把幻想画在纸上，必定有意外的收获。但如果他拖延着不愿在当时动笔，那么过了许多日子后即使再想画，那留在他思想里的好作品或许早已消失了。

没有别的什么习惯比犹豫更为有害。有的人身体有病却拖延着不去就诊，不仅身体上要受极大的痛苦，而且病情可能恶化，甚至成为不治之症。更没有别的什么习惯比犹豫更能使人懈怠，减弱人们做事的能力。决断好了的事情犹豫着不去做，还往往会对我们的品格产生不良的影响。唯有按照既定计划去执行的人，才能增进自己的品格，才能使他人景仰他的人格。其实，人人都能下决心做大事，但只有少数人能够一以贯之地去执行他的决心，也只有这少数人是最后的成功者。更坏的是，犹豫有时会造成悲惨的结局。

恺撒大将只因为接到报告后没有立即阅读，迟延了片刻，结果竟丧失了自己的性命。曲仑登的司令雷尔叫人送信向恺撒报告，华盛顿已经率领军队渡过特拉华河。但当信使把信送给恺撒时，他正在和朋友们玩牌，于是他就把那封信放在自己的衣袋里。等牌玩完后再读信，他情知大事不妙，等他去召集军队的时候时机已经太晚了，最后全军被俘，连自己的性命也丧在敌人的手中。就是因为数分钟迟延，恺撒竟然失去了他的荣誉、自由和生命！

人应该极力避免养成犹豫的恶习。受到拖延引诱的时候，要振作精神去做，决不要去做最容易的而要去做最艰难的，并且坚持做下去。这样，自然就会克服犹豫的恶习。拖延往往是最可怕的敌人，它是时间的窃贼，它还会损坏人的品格，败坏好的机会，劫夺人的自由，使人成为它的奴隶。"立即行动"，这是一个成功者的格言。要医治犹豫的恶习，唯一的方法就是立即去做自己的工作，只有"立即行劫"才能将人们从拖延的恶习中拯救出来。要知道，多拖延一分，工作就难做一分。

"明日复明日，明日何其多。我生待明日，万事成蹉跎。"放着今天的事情不做，非得留到以后去做，其实在这个拖延中所耗去的时间和精力就足以把今日的工作做好。所以，把今日的事情拖延到明日去做实际上是很不合算的。有些事情在当初来做会感到快乐、有趣，如果拖延了几个星期再去做，便感到痛苦、艰辛了。一日有一日的理想和决断，昨日有昨日的事，今日有今日的事，明日有明日的事。今日的理想、今日的决断，今日就要去做，定不要拖延到明日，因为明日还有新的理想与新的决断。所以，想到了就立刻去行动吧，不要犹豫了！

世间最可怜的人就是那些举棋不定、犹豫不决的人。有些人简直优柔寡断到无可救药的地步，他们不敢决定种种事情，不敢担负起应负的责任。之所以这样，是因为他们不知道事情的结果会怎样——究竟是好是坏，是凶是吉。他们常常担心今天对一件事情进行了决断，明天也许会有更好的事情发生，以致对今日的决断发生怀疑。许多优柔寡断的人不敢相信自己能解决重要的事情，因为犹豫不决，很多人使自己美好的想法陷于破灭。有了事情一定要去和他人商量，不取决于自己而取决于他人，这种主意不定、意志不坚的人，既不会相信自己，也不会为他人所信赖。

所以，对你的成功来说，犹豫不决、优柔寡断是一个阴险的仇敌，在它还没有伤害到你、破坏你的力量、限制你一生的机会之前，你就要即刻把这一敌人置于死地。**不要再等待、再犹豫，决不要等到明天，今天就应该开始。要逼迫自己训练遇事果断坚定的能力、迅速决策的能力，对于任何事情切记不要犹豫不决。**

有这样一个人，他什么都好，就是有一个缺点——他从来不把事情做完。无论做什么事情，他都给自己留着重新考虑的余地，比如他写信的时候，不到最后一分钟决不肯封起来，因为他总担心还有什么要改动。我时常看见他把信都封好了，邮票也贴好了，正预备要投入邮筒之时，又把信封拆开，再更改信中的语句。他身上一件最好笑的、也是人尽皆知的事，就是一次他给别人写了一封言，然后又打电报去，叫人家把那封信原封不动立刻退回。这个人是个社会名人，在其他方面有着非常出色的才能与品格，但是正是由于他这种犹豫不决的习惯，使他很难得到其他人的信赖。所有与他相识的人，都为他这一弱点感到可惜。

还有一个令人尊敬的妇女，也是个犹豫不决的人。当她要买一样东西的时候，她一定要把全城所有出售那样东西的商场都跑遍。当她走进了一个商店，便从这个柜台跑到那个柜台，从这一部分跑到那一部分。她从柜台上拿起了货物时会从各方面仔细打量，看了再看，心中还不知道喜欢的究竟是什么。她看了又看，还会觉得这个颜色有些不同，那个式样有些差异，也不知道究竟要买哪一种是好。她要买取暖的衣帽，既不喜欢穿戴着太笨重，又不喜欢过分暖热。她要那一样衣物，既便于夏天又便于冬天，既适用于高山又适用于海滨，可用于礼拜堂，又可用之于影剧院。心中带着这几种几乎不可能的苛求，还能从哪里买到这样东西呢？万一碰巧她买到了这样一件衣物，她心中还是怀疑所买的东西是否真的不错？是否要带回去询问他人的意见然后再回店中调换？无论买哪一样东西，她总要掉换两三次，最后还是感到不满意。她还会问各种问题，有时问了又问弄得店员们十分厌烦，结果她也许竟一样东西也不买，空手而去。

虽然，决策果断、雷厉风行的人难免会发生错误，但是他们总要比简直不敢开始工作、做事处处犹豫、时时小心的人来得强。当然，对于比较复杂的事情，在决断之前需要从各方面来加以权衡和考虑，要充分调动自己的常识和知识进行最后的判断。一旦打定主意就决不要再更改，不再留给自己回头考虑、准备后退的余地。一旦决策，就要断绝自己的后路。只有这样做，才能养成坚决果断的习惯，既可以增强自信，同时也能博得他人的信赖。有了这种习惯后，在最初的时候也许会时常作出错误的决策，但由此获得的自信等种种卓越品质足以弥补错误决策所可能带来的损失。

这种主意不坚和优柔寡断，对于一个人品格上的训练实在是一个致命的打击。犯有此种弱点的人，从来不会是有毅力的人。这种性格上的弱点可以败坏一个人的自信心，也可以破坏他的判断力，并大大有害于他的全部精神能力。果断决策的力量，与一个人的才能有着密切的关系。如果没有果断决策的能力，那么你的一生就像深海中的一叶孤舟，永远漂流在狂风暴雨的汪洋大海里，永远达不到成功的目的地。因为犹豫不决，很多人使他们自己美好的想法陷于破灭。

对成功来说，犹豫不决、优柔寡断是一个阴险的仇敌，在它还没有伤害到你、破坏你的力量、限制你一生的机会之前，你就要立刻把这一绊脚石铲除。不要再等待、再犹豫，决不要等到明天，现在就开始。

目标给你的能量，超出你想象的限量

生活再苦再累都不足以压垮一个人，更多时候人们最难抵挡的是精神上的压力。很多人觉得活着没有意义，整天无精打采甚至是消极避世，就是因为心里没有一个足以让其拼尽全力去努力的目标。

或许你的心中已拥有了目标，但仍然时常感到疲惫感到负累，总觉得身上有无形的压力，就如枷锁般不断加重你的负担使你步履艰难，甚至压得你喘不过气来。你只有把它们卸下来，才能一身轻松地去奋斗，向着你的目标甩开步子勇往直前。

那么，你的头脑被什么限制了呢？是什么使我们没有勇气去打破已有的格局让我们踌躇不前？其实就是自己不断地给自己施加负能量的心理暗示。归结起来，主要有以下几种原因：

1. 总担心"别人会怎样想"

面对失败，"别人将会有什么看法呢？"这的确是一种最普遍而且最具自我毁灭性的心理状态。这种以"别人"为念的想法是一种强而有力的枷锁。它会伤害你的创造力和人格，把你原有的能力破坏殆尽，使你停滞不前。为摆脱这种"别人"式的枷锁，你不妨想一想，"别人"并不是"先知先觉"，他们往往是"事后诸葛亮"。你应该记住：走自己的路，让别人去说吧！

2. 总会想"要是失败了怎么办"

一旦失败，便将自己初始的动机统统地扼杀。他们不断重复着说："早知如此，何必当初！"他们因此把自己看得渺小，无法真正透彻地看清自己。要知道，世上绝没有后悔药。为了摆脱"注定会失败"的枷锁，你需要改变思想转换"脑筋"，因为思想本身会左右事情的发展。**你不妨跟自己闲谈，保持积极的态度。切莫在不经意中将自己的创新意识抛弃，因为它是你最珍贵的东西。想着"我将要成功"而不是会失败；"我是一个胜利者"而非"一位失败者"；寻找助你成功的方法。你会发现你能左右自己的心情，同样能左右自己的行动。**

3. 认为"已经来不及了"

许多失败者相信自己太晚了，已无法挽回，无法再创业了，因此对未来完全妥协，尽量逆来顺受地熬日子。这种"已为时太晚"的枷锁，包括各式各样的人物：一个 30 岁的青年做生意亏了本就认为无法东山再起；一个 40 岁的寡妇就自认为太老而无法再婚；一位 10 年前没有扩大投资的厂长要想重新开始投资就认为时过境迁。为了戒除这种"为时太晚"的枷锁，你可以多观察那群在社会生活中的活跃人物，而不去理会"年龄的限制"，并下定决心不断奋斗，所谓"春蚕到死丝方尽，蜡炬成灰泪始干"，成功与年龄无关，重新开始永远为时不晚。

4. 对过去犯的错误无法释怀

许多人都害怕再次尝试，因为他们曾经失败过而且受创很深，正所谓"一朝被蛇咬，十年怕井绳"。但是，对每一位有志之士来说，他都必须对过去所犯的错误保持正确的哲学观，从而得以再求突破、再创佳绩。如果你能将自己的失败看成是很有价值的教育投资的话，那就一点也没损失了。因此，你完全不必把"过去的错误"看得太重，那根本不能算作失败，只能算是受教育，它能教会你许多事情，使你更加成熟。

不管哪一种，这些枷锁都会加重你的负担，使你步履艰难甚至压得你喘不过气来。只有把它们卸下来，才能一身轻松地去奋斗。

其实，很多人之所以停止不前、徘徊不定，多是没有充分的自信。只有斩断束缚自信的绳索，改变自我意识，由经常进行消耗的自我暗示转变为自觉地坚持积极的自我暗示，一切意愿就很容易达成了。

为什么许多人总是习惯于消极的自我暗示呢？即使经历了心理培训班，有的朋友也反映说听了几课成功心理很受启发，心情振奋！可是回到现实生活中自己好像还是老样子，仍不能自信主动。这该怎么办呢？

不必奇怪，也不要着急。一个人要改变自我意识，由经常进行消耗的自我暗示转变为自觉地坚持积极的自我暗示，实在不是一件容易的事。首先，我们要明白，一个人的自我意识会受到许多因素的影响，而且是经历了相当长的时间形成的，怎么可能一下就改变、一蹴而就呢？奥里森·马登经过多年研究认为：影响心理暗示的因素有以下几方面：

1. 如何看待自己的优缺点

如果认为自己条件很差，缺点很多并害怕承认、力图掩盖，当然就会影响自我认识，对自己的评价偏低。如果能充分认识自己的优点和潜能，并充分表现自己的优点，开发自己的潜能，且不刻意掩饰自己的缺点，那就会自我评价较高。

2. 对自己提出什么样的标准

如果自我期望和要求很低就会总能感到志得意满，不思进取；但如果对自己的目标选择期望标准过高也会感到力不从心，悲观失望。只有从实际出发，选择一个期望较为恰当的目标，才会产生积极作用。

3. 看他自己和什么人作比较

一个人通过和不同的对象做比较，可以使自己显得很矮小或者很高大，显得笨拙或者聪明。一个人如果眼界狭窄，见识很少，仅仅只同几个人相比较，就会产生过分的自卑感或优越感。

4. 个人是否有归属感

一个缺乏自信的人如果发现他所属的群体、环境较为优越和可依靠，微不足道的自我由于"我们"而会增强信心。反之，就会感到平庸而虚弱。同样的道理，家庭出身、别人的看法、学历的高低，等等，也都是影响自我意识的因素。

5. 如何看待实践

成功令人鼓舞，失败令人沮丧。这两种截然不同的情况自然对人的自我意识有很大的影响。在这个问题上，还包括成功或失败对自己产生的或褒或贬的影响。

正因为我们的自我意识要受到多种因素的影响，所以我们要把成功心理所包括的各个方面的思想内容相互联系、融会贯通，才能领会其精神实质，应用到具体实践中去。但不管因素有多少，最根本、最关键的因素依然是由自我认识、自我评价、自我期望与要求构成的自我意识，因为一切因素的影响都要通过你的心理反应才起作用。

你到底认为自己能行，还是不行？你是侧重于"想要"什么，还是总想"不要"什么？你是习惯于生活在别人的眼光里，还是一定要做自己的最高仲裁者？这一连串的自我意识和选择便决定了你遇到问题和挑战时将会进行什么样的自我意识，采取什么样的行动，并得到什么样的效果。

只要正确了解自己的心理，正视自己的过去，在心理上给自己积极的暗示，你就会做出超乎想象的成就。

只要有梦想，你就离成功不远了

众人瞩目的佼佼者、人人景仰的成功人士，总是人们讨论的焦点。那么，你有没有想过自己其实也可以成为其中的一员呢？其实，只要你拥有了这样一个梦想，那么你就已经离成功很近了。

我们心灵的愿望、灵魂的渴念不是虚无缥缈的梦境或幻想，而是未来可能成为"现实"的预言、预兆与讯息。它们是我们迈向可能成功的指引者。它们能测量出我们志趣的高下、能力的大小、我们的各种理想，是决定我们品格与生命形态的力量。我们日常心目中的各种愿望，会在我们的举止、品格、生命之中表现出来。我们只有先有了理想，然后才会有实际的生命。一幢建筑，实际上不过是建筑师脑海中的一项计划的实现。

同样，一个人的生命，他在事业上取得的成功，也不过是他的理想被付诸实际而已。假使人世间没有"南方"，那么到了冬季，候鸟也绝不会有向南飞的本能。人也一样，我们有各种心灵的愿望，盼望着能获得一个完满、广博的生命，希望得到一个充分表现自我的机会，期望一生中取得不朽的成就。只要你为之坚持不懈的去努力，一切就都可能发生，梦想就有可能实现。

我们的品格与效能常常随我们思想、情绪、理想的改变而有所波动。只要你一知道某个人所怀的理想，你就能知道那个人的品格、那个人的全部生命是怎样的，因为理想足以支配一个人的全部生命，所以你的一切思想、理想与志愿都应该使它趋于"崇高""优美"。

你的思想，应该随时都有一种向上的倾向。你应当立志使自己的思想与行为永远不与"卑下"发生关系，使你所做的一切事情都能印上"优美"的标记。这种向上的心理，这种精神会使我们趋于高大的理想。

高大的理想有一种提高生命的力量，可以使我们的生命达到较高的水准。具有这种心理的人常能抵制一切不和谐、不顺利，以及各种与"平安""效率""成功"作对的敌人，只要我们有不断达到某项目的要求，虽然起初似乎没有这种可能，但是最后我们是会成功的。假如我们常常幻想实现我们的理想，而不管这种理想是健全的身体、高贵的品格还是伟大的事业；假使我们对于这些东西渴求得十分炽烈并为之努力，那么这些东西最后必会驾临于我们的生命之中。

心灵的愿望可以鼓起我们的创造能力，驱策我们去从事自己所期望的事情。它们是我们身体各部分机能的常备补药，能够增加我们的能力，帮助我们实现自己的梦想。"自然"是一位"真不二价"的店主，她肯拿出一切东西来赐予我们，只要我们肯付出代价。我们的愿望好像树根一样，它能延伸到无影无踪的"能力宇宙"的各个方面。而这些精神之根，能使我们摄取愿望趋于实现的养料。

当然，有梦想不等于就拥有了成功，还必须有两个必备条件。第一，必须是合理的愿望；第二，你必须下决心去努力实现梦想。

我们每个合理的志愿或愿望都是绝对可以实现的。所谓合理的愿望，不是指那些荒诞的、超越情理的妄想，而是一些可以实现种种理想的愿望。我们期望能充分、圆满地表现自我，期望完成在我们最高灵感时所显示出的生命模式。我们的理想，就是我们对未来的"实际"构图或草案。愿望"能凝结成"决心才有用处。热烈的愿望加上坚强的决心，才能生出创造的力量，助我们达到目的。愿望与努力相加，两者才能生出效果。仅有愿望而没有决心，仅有理想而不去努力，那么这种理想与愿望最后会烟消云散。具备了合理的愿望，再加上你的努力，成功就一定会属于你了。

假使你期望在你生命中的某些方面有所长进，你就应当很热烈、坚毅地向往着那些理想，把这些理想与愿望保存在你的心中，直至实现了它们为止。这样慢慢会使一个懦弱、不完满、有罪恶过失的人，变为一个有理想的人。不断地将我们的精神集中于我们的愿望之上，我们从这中间会生出大量的创造力量，它能生出一种神奇的力量来，去帮助我们摄取那些我们所愿望的东西。

我们的精神态度与心灵愿望是一种祷告。这种祷告乐于"自然"的特别关照。假使我们的愿望真是出自我们的内心深处，假使我们能够沿着我们的愿望向前奋斗，她总是乐于助我们取得成功。只要心里装着"梦想"二字，你就离成功不远。

没有信仰不可怕，可怕的是你有信仰不行动

我们必须信仰某些事物。但是，假如我们没有就此信仰去采取行动，一切仍然无用。只有信心而没有作为，是无济于事的。

假如我问你是否相信美国是个充满机会的国度——也就是说，只要能力与精力许可，人人都能达到自己所追求的目标，你极有可能会回答："是。"一声清脆而响亮的"是"，并且还会有别人在旁边摇旗呐喊表示赞同。但是，你相信的程度如何呢？假如你此时正失业在家，完全没有收入，新的工作又全然无望，你仍会相信这种说法吗？你不但相信而且会采取行动以证明此话的真实性吗？

有个人便如此相信，他名叫雷纳川伽，住在密苏里州独立市的雷德街。在1928年，川伽先生继承了一笔价值10万美元的产业。但到了1938年，他却宣告破产了。事情的经过是这样的：

我的父亲不但事业成功，而且为人慷慨。在我高中的时候只要我需钱用，他都允许我随时用银行的账号开支票。到了我上大学的时候，我更是精于此道了。我完全不知钱的价值，更不知道要用什么方法去赚取，我只知道如何用父亲的账号去签写支票。

我这样的生命方式一直继续到父亲过世。父亲去世的时候，留给我一块相当大而且十分值钱的土地，位置就在密苏里河下游靠近莱新顿一带。我开始以农夫自居，但不多久大萧条横扫全国各地，我第一年的财务便呈现严重赤字。我抵押了一片土地去偿还债务和填补银行存款，但不景气继续维持下去，使我不得不把那片抵押的

土地以极低的价格卖出。由于我仍然需要钱用，便又以同样的方法陆续把田地抵押，并最终卖出去。

算总账的日子终于来临了。我知道我已一无所有，假如我要继续活下去，得出去找一份工作——那是我以前从未做过的事。我苦不堪言，夜晚都不能入睡。我唯一的技能是开支票，但这方法已行不通了。我完全不知所措。

一天晚上，我从噩梦中醒来，终于知道自己必须面对事实。我对自己说，滑雪橇的童年日子已过，现在你已长大成人，当然行事也要像个大人。起来吧，要起来工作!

除了面对自己的困境之外，我也开始找出自己究竟信仰什么。以前，我一直人云亦云地认为美国是个充满机会的国度，只要努力，便能达到追求的目标。如今，虽然正值萧条时刻工作机会不多，但我个人仍有一些长处。

我的健康情形良好，有一份大学文凭和一些商业知识——又有从失败和错误中得到的经验和体会。现在，我需要的是采取行动，而不是浪费时间去感叹自己的不幸遭遇。

我完全了解自己的生活和想法。对我来说，找份工作并不容易。但是，我不能让自己颓丧下去，我必须强迫自己用信心来取代恐惧和疑惑。我要相信这个国家是个充满机会的地方，只要有决心，人人都可争得一席之地。就是这份信念，使我能够不轻言放弃。

这份信念终于得到证实。我在堪萨斯市的一家财务公司找到工作，并在那里愉快地工作了4年。后来，我辞去职务，再度回到农场上。这一次，事情进行得顺利多了。我慢慢建立起自己的信用，并逐渐扩大事业的范围。我买进卖出，便获得不少利润。感谢多年来失败给我的教训，这一次，我是走上成功之路了。

我失去的产业都被我再度赚了回来。我的努力没有白费，但更重要的是把这些宝贵经验都传给了两个儿子，这比单独只给他们财富要有意义多了。

由此可知，我们必须信仰某些事物。但是，假如我们没有就此信仰去采取行动，一切仍然无用。只有信心而没有作为，是无济于事的。

川伽先生的故事是迈向成熟的最佳例证——他原是一个被娇宠、不知责任为何物的男孩，在一夜之间认清自己不但要有所信仰，并且要因此采取行动来印证这个信仰。在此之前，川伽先生像孩童般逃避现实，但是，他对美国的信心使他能像成人一样再度面对现实。

《如何度过一年三百六十五天》的作者约翰·席勒告诉我们："成熟必须靠学习得来。"而且，通常必须经过心瘁的苦难才能学到。

当然，仅有信仰并不足以让我们变得成熟。信仰的好处是能增强勇气，使我们在接受考验的时候不至于临阵退却。除非我们以信仰做基础，然后付诸行动，否则任何道理原则都没有什么用处。

我们的信念往往借行动表现出来。耶稣曾说过："凭他们所结的果子，就可以认出他们来。"是的，只有行为才算数。如果我们不能遵行，则任何哲学理论叫得再响对我们也没有丝毫益处。我们所结的果子将是苦的，我们的生命也是假冒伪善的。

我们一旦有了坚定的信念，就应当付诸行动。

在夏威夷有一名建筑承造商，坚信人不可轻言放弃。他不但如此坚信并且时时在行动中表现出来，因此事业做得十分成功。他的名字叫保罗·玛哈。

在1931年的时候，玛哈先生在建筑和工业界四处打听想要找一份工作。他年轻没有经验，因此处处碰壁，工作完全没有着落。由于当时不景气，没有公司需要增聘工程或制图人员，就是经验丰富的老手也往往遭到解聘。

"我实在感到气馁。"玛哈先生坦诚道，"但后来我决定，假如没有人愿意雇我，我就自己来做。我从亲友那里借了 500 美元，然后成立了一家小小的建筑承造公司。"

"不景气吗？当然是的。想要盖房子的人，谁会愿意找一名没有经验又没有名气的人来做呢？但无论如何，我鼓起勇气，下定决心要干到底。就凭这么一种信念和坚持，我终于找到了几份小生意做。"

"我的第一笔生意是承造一栋 2500 美元的房子。由于缺乏经验、估价不准，结果赔损了 200 美元。但是，有了这次失败的经验，接下去的几桩生意便弥补过来了。由于我坚信人不可轻言放弃，终于渡过了一生中最大的难关。"

不错，**人不是因为没有信心而跌倒，而是因为不能把信念化成行动并且不顾一切地坚持到底。**

不要羞于开口，你必须交几个真心朋友

有这样一段话："**如果一个人比你优秀，你尽可以放心地与之交往，因为优秀的人浑身都散发着正能量；如果一个人比你有德行，你尽量跟他成为一个团队，因为厚德载物；如果一个人比你有智慧，你尽可放心与他同行，因为智慧的心灵能照亮未来；如果一个人的生活过得比你有质量，你尽可以放心地跟他做知己，你的生命才有高度与宽度。**"

上述话说的就是人的一生，要与智者同行、与善者同频、与强者同伍。人是很复杂的，了解一个人并不是一件简单的事。只要我们注意观察，就可以通过一个人的喜好了解他的素质、修养和品德。可是，有很多人对别人仰慕、崇拜、喜欢，甚至迫切地想接近，可就是不敢张口打声招呼或表达自己的想法，这种胆怯心理让他与许多优秀的人擦肩而过。有首歌唱道：千里难寻是朋友，朋友多了路好走。所以，你的人生必须交几个真心实意的朋友。

每个人都有一种了解别人的愿望，交友之前更要充分了解。因为只有了解别人之后，你才能在交友时有所选择。物以类聚，人以群分。只有性情相近、意气相投的人，才能走到一块儿成为朋友。如果他的朋友都是一些不三不四、不伦不类的人，他的素质也不会太高；如果他结交的都是些没有道德修养的人，他自己的修养也不会太好。

有的人交朋友以性格、脾气取人，认为能说到一块儿就是朋友；

有的人则以追求取人，有相同的追求就能成为朋友；有的则因为爱好相同而走到一起。但无论如何，只有两个修养相当、品质差不多的人才能成为永久性的朋友。所以，了解一个人的朋友也就了解了这个人。

想了解一个人，还可以观察他是怎样对待别人的。人在得意时，特别爱诉说他与别人在一起交往的情景，他说的时候是无意的，不会想到他与被说人有什么关系，所以一般比较真实。

如果对方当着你的面说自己如何占了别人的便宜，如何欺骗了对方等，那你以后就得对他防着点儿，有可能他也会这么对待你。

还有一种人比较圆滑，好像很会处世似的，往往是当面一套、背后一套，当着你的面说你如何如何好，别人如何如何不好。聪明的人就得注意这种人了，因为他在背后说人坏，就有可能在你背后说你坏。

有一种人可能当面批评你，指出你的缺点来，却又在你面前夸奖别人的优点，你也许不愿接受他这种直率，但这种人却是非常可信赖的人。

另外，看一个人如何对待妻子、儿女、父母，就可以分析出这人是否有责任感、是否自私。

你可以通过他是否按时回家、有急事时是否想着通知家人、说起家人时感觉是否很亲切，等等，从这些细节可以看出他对家人的态度。一个不把家人放在心上的人是不会把朋友放在心上的。这种人往往心里只装着自己，只关心自己的得失安危，根本就不会想到朋友，所以要注意尽量不要与那些没有家庭观念的人结交。

人在社交场上总会遇到各种各样怪脾气的人，如何摸透各人的秉性采取恰当的方式与其相交相处，是一门高深的学问。下面列举9种不同习性的人，分别向你介绍相应的交际技巧：

1. 性格死板的人

这样的人往往是我行我素，对人冷若冰霜。尽管你客客气气地与他寒暄、打招呼，他也总是爱理不理，不会做出你所期待的反应。尽管死板的人一般说来兴趣和爱好比较少，也不太爱和别人沟通，但是，他们还是有自己追求和关心的事，只不过别人不太了解而已。所以，在与这类人打交道时不仅不能冷淡，反而应该花些功夫仔细观察，注意他的一举一动，从他的言行中寻找出他真正关心的事来。一旦你触及他所热心的话题，对方很可能马上会一扫往常那种死板的表情而表现出相当大的热情。

2. 傲慢无礼的人

有些人往往自视甚高，目中无人，表现出一副"唯我独尊"的样子。与这种举止无礼、态度傲慢的人打交道，实在是一件令人难受的事情。可是，如果我们不得不与这种人接触，又该怎么对付呢？

最合适的方法有三种：

第一，尽可能地减少与其交往的时间。在能够充分表达自己的意见和态度或某些要求的情况下，尽量减少他能够表现自己傲慢无礼的机会。这样，对方往往也会由于缺乏这样的机会而不得不认真思考你所提出的问题。

第二，语言简洁明了。尽可能用最少的话清楚地表达你的要求与问题。这样，让对方感到你是一个很干脆的人，是一个很少有讨价还价余地的人，因而约束自己的架子。

第三，你还可以邀请这种人去跳舞，聊聊家常，上卡拉 OK 厅唱歌，等等。当对方一旦在你面前表现出其生活的原色，在以后的交往中他往往不再会对你傲慢无礼。

3. 沉默寡言的人

和"闷葫芦"在一起，人们总会感到沉闷和压力，特别是对于一些性格比较外向、活跃的人更是觉得难受。因而在这种情况下，有些人为了活跃气氛便故意找些话题来说。其实，这是没有必要的。因为对于沉默寡言的人来说，他们之所以这样可能是出于其有某种心事而不愿多言。在这种情况下，你应该尊重对方，不要去破坏对方的心境，让其保持一种内心选择的生存方式。相反，你如果故意地没话找话，并拼命地想方设法与对方交谈，只能引起对方的反感厌恶。

4. 自私自利的人

自私自利的人尽管心目中只有自己，特别注重个人的得失和利益，但是，他们也往往会因利而忘我地工作。我们对他们不必有太高的期望，也没有必要希望他们能够像朋友那样以情为重。与这类人的交往关系可以仅仅是一种交换关系，干多少活，给多少利；干得好坏不同，利也不一样。

5. 争强好胜的人

这种人狂妄自足，自我炫耀、自我表现的欲望非常强烈，总是力求证明自己比别人强、比别人正确。当遇到竞争对手时，总是想方设法地挤对人、不择手段地打击人，力求在各方面占上风。人们对这种人虽然内心深处瞧不起，但是为了顾全大局、为了不伤交往中的和气，往往事事处处迁就他、让着他。殊不知，有些争胜逞强的人并不理解别人的谦让，还以为自己真是了不起，由此而变本加厉地瞧不起别人，不尊重别人。对这样的人，则不能一味地迁就，而有必要在适当的时候、以适当的方式打击一下他的傲气，使他知道天外有天，山外有山。

6. 狂妄自大的人

他们实际上并没有多少学问，往往是自我吹嘘、夸夸其谈，他们所表现的高傲、不屑一顾等神态实际上是一种心灵空虚的补充剂，以维持其虚荣心。与这些人相处的方式实际上很简单：乍看起来他们似乎视野开阔，天南地北无所不谈，好一副居高临下的样子，但只要就某一问题深入地与之探讨他便会露出马脚。一旦露了马脚，他的威风也就自然扫地。另外，与这类人初次相处可以用你的常识将其"震"住，如果做到了这一点，往后的交往便迎刃而解了。

7. 搬弄是非的人

不要以为把是非告诉你的人便是你的朋友，他们很可能是希望从中得到更多的谈话材料，从你的反应中再编造故事，所以，聪明的人不会与这种人推心置腹。而令他远离你的办法，是对任何有关你的传闻反应冷淡，无须作答。

如对方总是不厌其烦地把不利于你的是非辗转相告，以致对你的情绪造成很大的负面影响，你应拒绝和他见面或不接他的电话。此类人不宜过多交往。

8. 性情急躁的人

遇上性情急躁的人冒犯你可要严肃对待，一定要保持头脑冷静，可以暂时置之不理，有时瞪他一眼就够了，有时一笑置之则可。这一笑，在大多数场合可以使你摆脱尴尬的局面，避免与其发生争吵。据说歌德有一天在公园散步时，迎面碰到一个曾经对他的作品提出尖锐批评的批评家。那位批评家性情急躁，他对歌德说："我从来不给傻子让路。""而我相反。"歌德一边说，一边满脸笑容地让在一旁，于是，避免了一场无谓的争吵。这种"一笑置之"的笑，可以是泰然处之的微笑，可以是表示藐视的冷笑，也可以是略带讽刺的嘲笑……

9. 城府极深的人

他可能是一位工于心计的人，这种人为了在与别人打交道时获得主动或者出于某种目的不愿让别人了解自己而把自己保护起来。

而且，这种人还总希望更多地了解对方，从而在各种矛盾关系中周旋，使自己处于不败之地。其次，他也可能是一位曾经有过挫折和打击并受到伤害的人。过去的经历使他对社会、对别人有一种十分强烈的敌视态度，从而对自己采取更多的保护措施。还有一种情况，他可能对某些事情缺乏了解，拿不出有价值的意见。在这种情况下，为了掩饰自己的无知而以一种不置可否的方式，用含糊其辞的语气与人交往，并装出一种城府很深的样子。

显然，对第一种人你应该有所防范，不要为之所利用，不要让他完全得知你的底细。对第二种人，则应该坦诚相见、以诚感人，对他不应有什么防范，可以不保留地对他敞开你的心扉。对第三种人则不要有什么太高的期望，也不必要求他提供某种看法或判断。

常言道：在家靠父母，出门靠朋友。此话不假，任何一个人的成功都不是仅靠一己之力就能达成。成功的路上，你必须结交一群志同道合的朋友。他们将与你共担风雨，共赴成功。

你离伟大的梦想，只有 0.5 厘米

水烧到 99 度时，只差一度就开了，可就是这一度，如果不继续烧下去就永远喝不到开水。同样，理想与现实之间的距离有时候可能只有"0.5 厘米"。在追求理想的途中如果你半途而废，那么，即使是这小小的"0.5 厘米"也可能让你永远到达不了成功的彼岸。

在追求梦想的途中，只有坚持才能让你"美梦成真"。所以，你必须保持高昂的斗志，树立必胜的信念，即使遇到再大的挫折，甚至是暂时的梦想破灭，也绝不能轻易放弃，而应该像长跑中的最后冲刺一样突破那最后的"0.5 厘米"，努力到达成功的彼岸。

古人云，胜败乃兵家常事。在人生的征途上，从起点到终点，迎接我们的既有鲜花和阳光，也有荆棘和阴霾，如果我们因为害怕挫折、害怕失败而放弃尝试，那就永远也不可能成功。**失败如同新鲜空气中夹杂的沙子，如果你因为害怕沙子而关掉窗户，你就永远得不到新鲜空气。想赢就不要怕输，输并不可耻。**相反，倘若能正确地看待失败，并从中总结出经验和教训，才能离成功更进一步。

将梦想"带到天上"的莱特兄弟连一天正统的教育都没有接受过，就是读高中也是在中途辍学。但是，他们凭着坚强的毅力所学到的东西，以及他们心中所怀有的伟大梦想，即使是那些拥有学士头衔的大学生也未必赶得上。

莱特兄弟从小就对飞行产生了浓厚的兴趣，一直梦想着有朝一日能像鸟儿一样飞到天上去。然而，由于生活所迫，他们曾到郊外捡过牛马骨头卖给肥料公司，捡过废金属卖给废铁厂。后来他们还曾开设过印刷厂发行报纸，但最后以失败告终。最后兄弟俩开了一间规模很小的自行车行，从事修理及贩卖工作。

但不管是从事什么工作，莱特兄弟始终对飞天梦无法忘怀。每到星期六的下午，他们就来到山坡的草地上，观察秃鹰随着气流振翅高飞、白鸽在空中画圆翱翔的景象。

不久之后，他们在自行车店里制作了风动实验场，开始实验机翼风阻的情形，此外，他们也常以放风筝做实验。最后他们制成了一架比风筝更大的滑翔机，将它搬运到了北卡罗莱纳州的基尔德比丘陵，开始了数年的滑翔试验。

几年下来，兄弟二人成功地将引擎装备安装在滑翔机上，利用机器滑翔。

1903 年 12 月 17 日，那个人类历史上永远值得纪念的日子，莱特兄弟二人商议，由掷铜板决定谁先坐上飞行机，结果由弟弟奥威利先上。那一天，天气非常阴暗寒冷，基尔德海岸一带吹着刺骨的寒风，半英里远的海边海浪波涛汹涌地拍打着海岸。莱特兄弟一行五人准备着飞行事宜，阴寒的天气使他们不得不在地上不停地跺着脚。可是，不管天气多么寒冷，奥威利也不能穿着大衣坐上飞行机，因为他必须使飞行机载重的负荷减至最低。

上午 10 点 35 分，奥威利坐上已发出爆裂声的飞行机，他双腿伸直俯卧，拉动引擎杆，飞行机顿时发出轰隆的巨响。起飞时排气管也发出怪声，直至它缓缓升高，在天空中摇摇晃晃，足足盘旋了20 秒之久才降落在 100 米以外的沙地上。

莱特兄弟的飞天梦终于实现了。这架人类最早的飞机，随着它成功地飞上天空，使人类自远古以来的飞行梦想得以实现。而这一切，离不开莱特兄弟对飞天梦想的不懈追求。

"0.5 厘米"，在顽强者的眼中，或许只是一个凭借惯性就可以冲刺过去的距离，然而对于那些信念不坚定的人，这个距离足以让他们望而却步。可就是这"0.5 厘米"，有时候却足以改变一个人的命运。

在山崩地裂的大地震中，不幸的人们被埋在废墟下。没有食物，没有水，没有亮光，连空气也那么少。一天，两天，三天……还有希望生存吗？有的人丧失了信心，他们很快虚弱下去，不幸地死去。而有些人却不放弃生还的希望，坚信外面的人们一定会找到自己、救自己出去。他们坚持着，哪怕是在最后一刻……结果，他们创造了生命的奇迹，他们在和死神的较量中赢得了胜利。

在美国西部的"淘金热"中，有一个人挖到了金矿。他高兴极了，越挖掘期望越高。可是后来矿脉突然消失了。他继续挖掘，但努力仍归于失败。最后，他决定放弃。他把机器便宜地卖给一位老人后，就带着自己的金矿坐火车回家了。他万万没想到，这位老人请了一位采矿工程师在距原来停止开采的地下三尺处挖到了金矿。这位老人从别人放弃的地方开始，净赚了几百万美元。

再坚持一下，你就可能突破那小小的"0.5 厘米"。没有坚强的毅力，再美好的梦想也只是幻想，一遇到挫折就倒下，再好的机会也终究会错过。做任何事如果半途而废，那前面的辛苦就等于白费了。惟有经得起风吹雨打及种种考验的人，才能实现自己的梦想，才是最后的胜利者。

所以，不到最后关头绝不能轻言放弃，要锲而不舍地努力下去，以求得最后的胜利。

Part9　完善自我

与众不同，自是无可替代

　　勇敢产生在斗争中，勇气是在每天对困难的顽强抵抗中养成的。我们青年的箴言就是勇敢、顽强、坚定，就是排除一切障碍。

—— 奥斯特洛夫斯基（苏联）

给自己的缺点会会诊，让自己激情四射

成功学上有一句名言：**"假如你找不到自己的毛病，就不可能找到自己的强项。"**如果一个人在某个方面的才能上有缺陷、有弱点，只要他能够及时而准确地"诊断"出"病根"所在，并且在那个方面多加努力，把自己的思想常集中在那个方面多加思索，那么，思想常常集中的地方，那部分的脑细胞就会渐渐变强，渐渐发达。

这就是为自己的缺点"会诊"就能实现人生超越的科学依据。

金无足赤，人无完人。没有缺点的圣人是不可能存在的，在追求卓越的道路上，有一些缺点足以令我们裹足不前，这时候，它们就成为挖掘我们"金矿"的绊脚石，如果不及时发现并铲除它们，我们的自信心这把镐就可能被"折断"。

扁鹊是战国时代的神医。那时候的医生不像现在这样坐在医院里等着病人上门，而是游走行医。扁鹊虽然是名医，但也同许多别的郎中一样，往来于各诸侯国之间治病救人。

有一次，扁鹊来到了齐国。当时齐国的国君是齐桓公，他对扁鹊的大名早有耳闻，于是便请扁鹊进宫，想要看一看这位名医到底有多少能耐。扁鹊也是见过大场面的人，在齐国的宫殿里他表现得从容不迫、对答如流。谈话之中，扁鹊看出齐桓公身患疾病，于是直言道："大王，您身染疾病。虽不重，但如果不及时医治的话，恐怕会恶化的。"

齐桓公是个顽固分子，他对扁鹊的提醒不但不领情，反而感到十分反感，再说，他当时连半点有病的感觉都没有，所以只是淡淡地说："我没病。"

扁鹊也不好再说什么，总不能强行为别人治病吧？几天后，扁鹊又一次见到齐桓公时，发现他的疾病已经深入到了血脉，于是又一次提醒他：如果再不医治，疾病还会加重。

可是，齐桓公还是和上次一样，根本没有将扁鹊的话放在心上。

过了几天，扁鹊再一次去见齐桓公，又对他说："您的病已进一步深入到了肠胃之间，再不及时医治后果将不堪设想。"

齐桓公这一次终于忍不住了，他十分不悦地讽刺道："你们这些大夫只会医治那些没病的人，以此来显示医术高明。我一点儿病也没有，为什么要接受治疗呢？"

扁鹊见齐桓公如此固执，也就打消了为他治病的念头，而且，此后他一看见齐桓公就绕路而行。

齐桓公对扁鹊的这一举动感到十分奇怪，就派人去问原因。

扁鹊对来人说："疾病如果在皮肉时，几服汤剂就可以治好；如果在血脉，可以用针灸来医治；如果在肠胃，还可以用药水来医治。但是如果病入骨髓，就已没有任何办法了。现在，齐王已经病入膏肓，我是无法医治的了。"

果然，没过几天齐桓公就病发而亡。齐国士兵前往捉拿扁鹊时，他早已离开了齐国。

齐桓公因讳疾忌医而丢掉性命，扁鹊却因提早预防而逃过一劫，这正给了后人一个忠告：一般人往往都有一个弱点，即在生活和工作中发现存在的问题时，只要还没到不可救药的地步，往往对之视而不见，不采取任何解救措施。可是一旦情势恶化，发展成不可扭转的局面，想挽回也已经迟了。相反，那些明智之人，因为有所准备而逢凶化吉，甚至变不利为有利。所以，我们必须做到防患于未然，及时为自己的缺点"会诊",以扫除成功道路上的障碍。

当然,认识到自己的缺点有时候并不是一件轻而易举的事,它不仅需要树立正确的认识观,还需要有细致入微的技巧。富兰克林为我们提供了一个为自己的缺点"会诊"的"秘笈"。他说:"一本笔记簿和一支笔就可以解决一切问题。"事实上也的确如此。让我们来领会一下他提供的两份清单之中的涵义:

1. 自我鉴定的过程

(1)准备阶段

带上一本笔记簿和一支笔,找一个能够让你的思维尽可能集中的地方,然后全神贯注地思考你的特长与弱点。这时候,你还应该下定决心,要求自己必须在完成自我鉴定后才能离开。

(2)开始鉴定

在你的第一张纸中间画出一条竖线。

(3)写下你的特长

在竖线的一边,写上你喜欢做及擅长做的一切事情。不要只限于那些你有利可图的事情,也不要仅仅因为考虑到别人的愿望而写上许多事。你要考虑的,只是那些令你轻松而且做起来有趣的事情、属于你的嗜好的事情、以及你设想能办得到的事情,甚至连倒垃圾也不例外。

(4)写下你的弱点

在竖线的另一边,列出那些你不擅长做和不喜欢做的事情。你可能会因为列出得太多而后怕,这完全没有必要,因为我们从懂事开始就在同弱点打交道。所以,即使你在写完之后发现缺点相当于优点的五六倍之多,也不必大惊小怪。

(5)集中评价

将你清单中所列出的特长及弱点进行综合评析,找出清单上所列的为数不多的几件能使你在某种程度上赢得别人称赞的事，以及那些不管你是否必须做、即使没有人称赞也愿做的事；再找出几件总是让你感到一败涂地以及那些你一直都想做得更好却总是不尽如人意的事。前者就是你的专长所在，后者当然就是你的弱点所在。

2. 自我鉴定的法则

（1）像对待你的"金矿"一样对待自我鉴定，因为它是你成功所必需的。

（2）选择合适的时机和地点。一定要选择能保证你的思维最为集中、心情最为平静的时候进行自我鉴定，以实现自我鉴定的客观准确；同时要远离人群、电视或任何可能干扰你的因素。

（3）提前预定好时间，一般大约需要两三个小时。

（4）保持良好的精神，不妨将其安排成早晨第一件事情。

（5）准备好足够一次完成全部计划所用的纸、笔和其他物品。

不可否认，有时候正是因为有了缺点的存在，我们才会有追求完美、不断进取的动力。可是，如果一个人对于自己的缺点视而不见，甚至敏感得不去提及，那么即使是一点"微不足道"的毛病，也有可能导致难以挽回的损失。"千里之堤，溃于蚁穴"说的正是这个道理。

不抱怨，一切都会慢慢变好

失败者："为什么老天总是不开眼，为什么失败的总是我？"

失业者："为什么伯乐总是那么少，为什么没有人赏识我？"

贫穷者："为什么财神总是不眷顾我，为什么我要过苦日子？"

病患者："为什么病魔总是缠着我，为什么我没有一个健康的身体？"

富人说："为什么他比我更有钱，为什么他有钱还很悠闲？"

哲人说："难道真的是高处不胜寒，为什么没人接受我的理念？"

权贵说："为什么人生苦短，为什么我不能成佛成仙？"

抱怨，是一件随时随地都会发生的事情。抱怨的人活得太累，不抱怨的人活得坦然而积极。

路上走路与别人撞了一下，抱怨的人会想"没长眼睛啊"，不抱怨的人可能根本就没意识到，最多会想"他也不是故意的"。

到了公司，有个同事对面走过连个招呼也没打，抱怨的人会想"你对我有意见？我才懒得理你呢"，不抱怨的人可能想都没想，最多会想"他也是想着做事，没留神"。

工作上辛辛苦苦完成了一个任务，自认为无可挑剔，哪知交上去了才发现还有个小错误。抱怨的人会想"为什么事先没想到啊，真是白辛苦了"，不抱怨的人会想"我这么小心还是有疏漏，下次要吸取教训，要更加小心了"。

喝口水呛着了，抱怨的人会想"怎么这么倒霉，水都要找我麻烦"，不抱怨的人会想"现在有点急躁，沉稳一点"。

下班了，领导说大家留一下晚上要开会，抱怨的人会想"又开会，怎么不在工作时间开啊？我女朋友的约会怎么办"，不抱怨的人会想"鱼与熊掌不可兼得也"。

晚上回到家累得不行，抱怨的人会想"为什么生活会这么累啊"，不抱怨的会想"又过一天了，今天还真有不少收获，现在马上好好休息，明天还要好好工作"……

抱怨是本经，里面写满了"为什么"。抱怨早已成为了现代人的通病，有病不治，病情势必会恶化，最终让人在抱怨的轮回中陷入痛苦的深渊。**寻找抱怨原因，溯本逐源地去审视自己，我在抱怨什么，我为什么会抱怨，怎样才能不抱怨？只有找到病因积极"治疗"，你才能彻底根治，从而在走向快乐的同时拥抱成功。**

再讲个故事：画家列宾和他的朋友雪后散步，朋友瞥见路边有一片污渍，显然是狗留下来的尿迹，就顺便用靴尖挑起雪和泥土把它覆盖了，没想到列宾对他说："几天来我总是到这来欣赏这一片美丽的琥珀色。"在生活中，当我们一直埋怨别人给我们带来不快或抱怨生活不如意时，想想那片狗留下的尿迹，其实它是"污渍"还是"一片美丽的琥珀色"，都取决于你自己的心态。

所以，请不要抱怨你的专业不好，不要抱怨你的学校不好，不要抱怨你正在蜗居，不要抱怨你的男人穷或你的女人丑，不要抱怨你没有一个好爸爸，不要抱怨你的工作差、工资少，不要抱怨你空怀一身绝技却没人赏识。

现实有太多的不如意，就算生活给你的是垃圾，你同样能把垃圾踩在脚底下登上世界之巅！

枪打出头鸟，你需要聪明的"糊涂"

常言道：枪打出头鸟，言外之意就是锋芒毕露的人必遭打压。古语亦有"木秀于林，风必摧之。"说的是同一道理。

为什么很多人看你事事不顺眼？为什么有人总想将你打压下去？你难道就如此令人讨厌吗？事实上，他们是怕你的锋芒。你一定要相信，你的光芒太过耀眼、你身上的优势太过突出，你的发展前景一定无可估量，因为你的存在给周围人造成了深深的危机感。他们害怕总有一天你会超越他们，越过其权力变成其上司。你一定听说过，红花希望绿叶陪衬，一定没听过红花希望红花陪。优秀的人都希望能力一般的人来衬托他的优势，但一定不希望另一个优秀的人出现，暗淡他的光芒、抢夺他的风头。

的确也有一些人，他们喜欢有竞争对手，希望跟自己一样优秀的人出现并与自己竞争。但是，这毕竟是少数，对于一个居于高位的人来说，谁会愿意自己的下属超过自己的能力危及自己的职位？

那么，当你遭遇对方的打压时，你该怎么做呢？你需要一点聪明的"糊涂"。郑板桥曾说"难得糊涂"。人生在世，的确需要适当地糊涂一点。

有个国王很喜欢下象棋，于是他张贴通告，告知天下人有谁象棋下得好就可以来宫里跟他一争高下。赢他的人，可以得到一袋金币；输了的人也不会被砍头，只要将自己输了的消息传给20个人即可。

但凡会下一点象棋的人都跑到宫里碰运气，可最终的结果都是以输棋告终。如此，几百个人对决过后，几乎全国的人都知道国王的象棋水平无人能敌。

有个农夫的儿子，住在偏僻的乡下。一个偶然的机会，他从一个外族人那里学会了下象棋。现如今，国王下象棋无人能敌的消息传到他的耳朵，他便觉得这是上帝给自己的恩赐，他去参加比赛一定会赢来那袋金币。于是，在全村人的期待中他踏上了去皇宫的路。

国王的象棋水平的确高超，一番激烈鏖战后，农夫的儿子勉强赢了国王。胜利的那一刻，农夫的儿子高兴得几乎忘记了一切。当他终于平复心情期待得到金币回家时，搭在他脖子上的却是一把利剑。第二天，小伙子的尸体挂在了城楼上。

说来，小伙子的确是个象棋高手，他赢了国王也就意味着赢了全城的人，他取代了国王的无人能敌成为了小国第一。这是一份荣耀，但正是这份荣耀葬送了他的性命。

对于国王来说，他已经自认为是小国第一了。从他让输棋者出去向20个人告知自己输棋的事就可以看出，他不希望有对手，只希望有败家。而小伙子凭着年轻气盛，却偏偏要跟对方的虚荣心和优越感抗衡。导致的结果是，超越国王的人永远消失，没有人从他身上分走象棋第一高手的光芒。

所以，当有人注意到你并开始打压你时，你需要反省一下：自己是不是太过锋芒毕露？该不该收敛一下？因为你要在一个有着打压之心的人手下做事，就别指望对方因为你能力出众会欣赏你。事实上，你越是表现自己的优势，对方就越紧张，使他感觉不除掉你或者压制一下你的气焰，势必会给自己带来祸患——你超越了他，抢了他的风头，甚至连职位一并抢走。

你要知道，打压你的人已经摸清了你的底细，你目前一定没有他有权势，你也许仅仅只是他的下属，或者在一个重要的工作组只是无关紧要的人物。你有能力，这是无可厚非的事实，但你的能力还没为你换来很高的认可度，你只是个有着锋芒却还没有出名的小人物。而你身上的光辉已经给别人带来了危机感，他们感觉你会取代他们成为一个职位的拥有者，一个项目的负责人，或者超越他们的工作能力，凭借自己的一个方案一炮而红。所以，在你还没有机会一展身手时，他们就要将你的气势彻底掐灭，使你没有可以出人头地的机会，或者说只要他在一天你就别想着能超越他。

想想看，与这样的人抗衡结果会怎样？也许你一辈子就真没有了翻身之日，或者只能选择辞职。因为在你的实力还没有超越他时，你所有的反抗在别人看来都是伺机越权，没有哪位领导会赏识跟自己上司发生冲突的人。职场生存的第一法则就是克制自己的情绪，争取用理智的方式解决问题。

被人打压时，聪明的方式是先收敛一下自己，"藏巧露拙"暗地里"较劲儿"，然后找机会一蹴而就。

成千上万的马匹在草原上奔驰，伯乐再火眼金睛也不能一眼看出哪一匹是千里马！只有千里马自己腾空嘶鸣、一跃千里，才能被伯乐所发现。当然，这里也存在一个风险，那就是当千里马嘶鸣时，它的声音很可能会被其他马群的嘶鸣声所覆盖；当千里马腾空跃起时，它可能会被另一匹奔跑或跳跃的马匹所绊倒。

对于一个人来说，这种风险也照样存在。进入公司，你意气风发，想着大展拳脚一番，可谁会想到你的光芒刺痛了别人的眼睛，你还未当空嘶鸣、一跃而起就被人一拍子拍在了地底下。一个被人压制的人就像一棵被人压住顶的树，哪还有茁壮成长的可能？所以，我们一定要防患于未然，不能让打压这样的事情发生在自己身上。

为人处世应设法保持自己的神秘，亮出自己底牌的人让别人按牌来攻肯定会输掉。混得再不好也不要向别人诉苦，而要做出成功的样子。即使很成功也不要亮底曝光，出人意料更能使人心悦诚服。当你既有才华又知展示之道时，结果一定惊人。

要做到严守底牌的最好办法是以静制动，或是干脆置之不理。如果说你的地位重要到能够引起人们的期待心理，此种情况更是如此。即使你必须亮出真相，也最好避免什么都和盘托出，不要让人把你里里外外一览无余。世上的高人往往其貌不扬，由于不太抢眼，可以避免别人的注意力，所谓真人不露相，露相非真人；练就一笔好字的人谎称不会书法，这样可以推掉许多违心的差事；力大无比的人往往装成手无缚鸡之力，紧急时才能够出乎意料地打败来犯者。做人，锋芒太露，就等于把自己的底细给对方交代得一清二楚，一旦交起手来就首先输掉了一半，实难收到突见奇功的效果。

但做人又不能不露锋芒或藏而不露。不露锋芒、藏而不露，总给人一种遮遮掩掩、躲躲藏藏的感觉，让人觉得你这人虚伪无比。不可不露，却又不能太露或乱露，那就只有深藏不露。深藏不露的真谛就在于，不刻意显露。有能力终究是要露出来的，只要时机、地点、人事三者合适。如果有一样不合适那就不要乱露，以免招来不必要麻烦，徒然增加自己的苦恼。

这种深藏不露的处世智慧与西方张扬个性、注重表现有所不同。西方教育注重"表现"，主张"有能力就要表现出来，有一手就要露出来"，否则和没有能力没有什么两样。西方人不但好表现、到处表现，而且还要随时告诉别人自己表现了些什么东西，甚至随身携带一些以资佐证的物件证明自己确实如此。

中国人当然也明白"表现"的道理，知道"老虎不发威，很容易被当作病猫"。不过我们更了解"虎落平阳被犬欺"的惨痛苦境，在表现之前做好"等到达那里，先打听一下当地的情况，再做打算"

的准备工作。所以两者的区别不在于表现不表现，而是怎样表现。前者是舍身哲学，主张能露就露；后者是守身哲学，主张先打听一下，看一看露到什么程度最合理，然后才合理地显露。

深藏不露是为了看一看有没有比自己更合适的人走出来。若大家都争着要露，特别是那些才能平庸又缺乏自知之明的人，其结果只能是埋没了真正有才华的人，阻挡了他们的道。不强出头，其实就是在不应该自己出头的时候千万不要出头，非要出头不可也应该设法让别人先出头。万一让不过，才抱着"我是不得已而为之"的心情来出头。当然，没有什么本领的人无须讲究什么深藏不露。因为自己很平庸，就算利用深藏不露来"藏拙"，充其量也只能隐瞒一时，最终会被人识破，结果原形毕露。

每个人都会遇到一展才华的机会，展示才华时要露一手留一手才能获得成功。那些才华横溢的人会首先把微小的才干显露出来，使它成为自己身上的发光点。卓著才能一般情况下不会显露出来，而是留作压轴的底牌，一旦时机成熟显示出来时足以令人震惊。

古人云，骐骥一跃，不能十步；驽马十驾，功在不舍。适时让自己表现得愚钝一下、低调一下，没有什么不好。暂时的蛰伏，不代表你一辈子蛰伏；暂时的低头，意味着你未来永久的抬头；暂时的屈服，为的就是未来的不服；暂时的忍让，为的是某一天的一蹴而就。

维斯卡亚公司是美国 20 世纪 80 年代最为著名的机械制造公司，其产品销往全世界，并代表着当今重型机械制造业的最高水平。许多人毕业后到该公司求职遭拒绝，原因很简单：该公司的高技术人员爆满，不再需要各种高技术人才。但是令人垂涎的待遇和足以自豪、炫耀的地位仍然向那些有志的求职者闪烁着诱人的光环。

詹姆斯和许多人的命运一样，在该公司每年一次的用人测试会上被拒绝申请，其实这时的用人测试会已经是徒有虚名了。詹姆斯并没有死心，他发誓一定要进入维斯卡亚重型机械制造公司。于是，他采取了一个特殊的策略——假装自己一无所长。

他先找到公司人事部，提出为该公司无偿提供劳动，请求公司分派给他任何工作，他都不计任何报酬来完成。公司起初觉得这简直不可思议，但考虑到不用任何花费也用不着操心，便分派他去打扫车间里的废铁屑。一年来，詹姆斯勤勤恳恳地重复着这种简单但是劳累的工作。为了糊口，下班后他还要去酒吧打工。这样虽然得到老板及工人们的好感，但是仍然没有一个人提到录用他的问题。

1990年初，公司的许多订单纷纷被退回，理由均是产品质量有问题，为此公司将蒙受巨大的损失。公司董事会为了挽救颓势，紧急召开会议商议解决。当会议进行一大半却尚未见眉目时，詹姆斯闯入会议室，提出要直接见总经理。在会上，詹姆斯把对这一问题出现的原因作了令人信服的解释，并且就工程技术上的问题提出了自己的看法，随后拿出了自己对产品的改造设计图。这个设计非常先进，恰到好处地保留了原来机械的优点，同时克服了已出现的弊病。总经理及董事会的董事见到这个编外清洁工如此精明在行，便询问他的背景以及现状。詹姆斯面对公司的最高决策者们将自己的意图和盘托出，经董事会举手表决，詹姆斯当即被聘为公司负责生产技术问题的副总经理。

原来，詹姆斯在做清扫工时，利用清扫工到处走动的特点，细心察看了整个公司各部门的生产情况并一一作了详细记录，发现了所存在的技术性问题并想出解决的办法。为此，他花了近一年的时间搞设计，做了大量的统计数据，为最后一展雄姿奠定了基础。

信奉大智若愚的是真正的聪明人，他们以大智若愚的方式来保护自我。

嫉贤妒能，几乎是人的本性，《庄子》中有一句话叫"直木先伐，甘井先竭"。一般所用的木材，多选挺直的树木来砍伐，水井也是涌出甘甜井水者先干涸。人也如此。有一些才华横溢的人，因为锋芒太露而遭人暗算。《红楼梦》中的王熙凤正是"机关算尽太聪明，反误了卿卿性命"。还是那句千古名训"大智若愚"为妙。

大智若愚，不仅是一种自我保全的智慧，同时也是一种实现自己目标的智慧。俗语说"虎行似病"，装成病恹恹的样子正是老虎吃人的前兆，聪明不露才有任重道远的力量。这就是所谓"藏巧于拙，用晦如明"。现实中，人们不管本身是机巧奸猾还是忠直厚道，几乎都喜欢傻呵呵不会弄巧的人，因为这样的人不会对对方造成巨大的威胁，会使人放松戒备和设防。所以，要达到自己的目标，没有机巧权变是不行的，但又要懂得藏巧，不为人识破，也就是"聪明而愚"。

大智若愚并非让人人都去假装愚笨，它强调的只不过是一种处世的智慧，即要谨言慎行、谦虚待人，不要太盛气凌人。这并不是一种消极被动的生活态度。倘若一个人能够谦虚诚恳地待人，便会得到别人的好感；若能谨言慎行，更会赢得人们的尊重。

在复杂的世界中，一个人如果能用大智若愚的方式去生存，那他就能够避免很多烦恼缠绕，达到一种逍遥的境界。

你要做的就是等一个可以真正让自己的才华拨云见日的机会。守得云开见月明，有时装装傻并不见得是坏事。

放下没必要的忧虑，天塌不下来

人生看似漫长，细算很短暂。假如平均人能活到一百岁，期间抛却无常，也不过三万六千天。所以，千万别为没有意义、无关紧要的事情费心思。其实，多数人的多数烦恼多是源于太计较。

小的时候，你是否曾经被这样的无聊想法日日夜夜地折磨着，心里总是充满了忧虑：暴风雨来的时候，担心被闪电打死；日子不好过的时候，担心东西不够吃；另外，还怕死了之后会进地狱；怕任何一个比你大的男孩会威胁你，割下你的两只大耳朵或无缘无故地揍你一顿；怕女孩子在你向她们问好的时候取笑你；怕将来没一个女孩子肯嫁给你；还为结婚之后该对自己的太太说的第一句话是什么而操心；想象自己会在一间乡下的教堂里结婚，会坐着一辆上面垂着流苏的马车回到农庄……常常花几个小时想这些惊天动地却又不得不承认是杞人忧天的问题。

日子一年年过去了，你渐渐发现，你所担心的事情中有99%根本就不会发生。比方说，你以前很怕闪电。可是现在你肯定知道，你有幸被闪电击中的概率大约只有1/350000。

事实上，我们在嘲笑这些在童年和少年时所忧虑的事时，是否想过很多成年人的忧虑也几乎一样的荒谬。如果根据平均法则考虑一下人们的忧虑究竟值不值得，并真正做到好长时间内不再忧虑，人们忧虑中有90%可以消除。

罗温娜太太是一位平静、沉着的女人，她好像从来没有忧虑过。

有一天夜晚，她和友人坐在熊熊的炉火前，当友人问她是不是曾经因忧虑而烦恼过，她就给友人讲述了下面的故事：

以前，我觉得我的生活差点被忧虑毁掉了。在我学会征服忧虑之前，我在自作自受的苦难中生活了 11 个年头。那时候我脾气很坏、很急躁，总是生活在非常紧张的情绪之下。每个礼拜，我要从圣马特奥的家乘公共汽车到旧金山去买东西。可是就算在买东西的时候，我也愁得要命——也许他又把电熨斗放在熨衣板上了；也许房子烧起来了；也许我的女佣人跑了，丢下了孩子们；也许孩子们骑着他们的自行车出去被汽车撞了。

我买东西的时候，常常会因发愁而弄得冷汗直冒，然后冲出店去搭上公共汽车回家，看看是不是一切都很好。难怪我的婚姻没好结果，我的第二任丈夫是个律师——一个很平静、事事能够加以分折的人，从来没有为任何事情忧虑过。每次我神情紧张或焦虑的时候，他就会对我说：

"不要慌，让我们好好地想一想……你真正担心的到底是什么呢？让我们看一看事情发生的概率，看看这种事情是不是有可能会发生。如果检查一下所谓的概率法则，就常常会因所发现的事实而惊讶。比方说，如果你知道在五年内就得打一场盖茨堡战役那样惨烈的仗，你一定会吓坏了。你一定会想尽办法去加保你的人寿保险；你会写下遗嘱，把你所有的财物变卖一空。你会说：'我大概没办法活着撑过这场战役，所以我最好痛痛快快地过剩下的这些年。'但事实上，根据概率计算，50 岁到 55 岁之间每 1000 个人里死去的人数，和盖茨堡战役里 16.3 万名士兵中每 1000 中阵亡的人数相同。当你回顾过去的几十年时，你发现大部分的忧虑也都是因此而来的。"

全世界最有名的保险公司——大英帝国保险公司就是靠人们对

一些根本很难得发生的事情担忧而赚进了大量的收入。大英帝国保险公司是在跟一般人打赌，说他们所担心的灾祸几乎永远不可能发生。不过，他们不叫这是赌博，他们称之为保险，实际上这是以平均法则为根据的一种赌博。

这家大保险公司已经有 200 年的优良历史了，除非人的本性会改变，否则他至少还可以继续维持五千年。而他只是替你保鞋子的险、保船的险，利用估算概率的法则向你保证那些灾祸发生的情况，并不像一般人想像得那么常见。

当我们都在对杞人忧天嗤之以鼻的时候，我们是否该反思一下自己，是不是也常常没必要地忧虑，也在不自觉地成为一个"杞人"。

古代印度有一句刻在泰姬陵上的警世名言："往上看，不要往下看。往外面看，不要往自己里面看。"事实上，我们大多数担忧都是多余的。

在古巴比伦的法典上还有这么一句话："不要为明天忧虑。"可是在古西伯莱语的译文中，这一句被译成为："不要去想明日的事。"这是一种误译。因为如果这样的话，岂不就是不必为自己、为旁人的未来订立什么计划，达成什么目标了。这句话的本义是不要急躁，要避开无用的焦虑，不要对预先看不到的事情杞人忧天。我们都知道，焦虑耗蚀精力，如果我们凡事都能做到深谋远虑，则可以有所成就。我们不该焦虑，而应该关注才对。

经常性的焦虑、不信任一切、被恐惧控制，久而久之，我们会养成习惯，变成一种恶习。这样不仅仅会打击我们的士气，使我们焦虑过度，还会把我们变成一个无用之人，甚至夺去我们的生命。持续不断地焦虑、烦躁、毫无信心、一事无成，会把身体拖垮，使我们不能好好工作、好好思想。人在焦虑中往往不用头脑去想，总是会闹情绪，让消极的情绪特别是恐惧任意调侃我们、虐待我们。

因此我们一定要尽量挣脱焦虑的束缚，如同挣脱病魔的束缚一样。

可是有些人总是不可避免地摆脱不了经常性的忧虑，所以都早已经成了这方面的专家了。他们就是眼前没有什么事情可供忧虑，也会找些事来忧虑。有些人从本性上就具有忧虑的气质。法国小说家巴尔扎克在自传中说，他从小开始，就时刻沉浸于焦虑之中，因为不知道下一步会变成怎么样。实际上，气质是可以改变的，我可以用自己的经历作为见证。假使我仍抱着原来的脾气，那一定仍生活在暗淡的境地。

有时候想象力会装上轮子任意奔驰。当晚上醒来时，往往周身冒汗，我们心里恐惧的东西会一幕一幕出现在眼前，让我们翻来覆去看了又看。这样下去，自然使我们筋疲力尽，白天便不能好好工作了。一个人如果不能控制情绪，就会一败涂地。记得有一位朋友说过，在丛林中我们担忧碰到蛇，可是如果真有哪一个人翻开地毯找找看有没有蛇，那这个人就一定是有神经病了。假使不制止这种焦虑，那么我们的性灵就会渐渐被侵蚀。美国著名小说家库仑在美国内战时期也曾被战争的消息以及他自己的想像所吓坏，以至伤心而死。

现在的问题是，究竟是我们控制住情绪，还是让情绪控制我们。假使我们不能主宰情绪，就需要得到他人的帮助，而且也会有人来帮助你，研究精神状态的科学家们已能运用新的技巧给予我们帮助。**对人生的信心，对自己的性灵可以主宰人生而不为人生所奴役的信心，都是最有力的武器，它帮助我们对付折磨人的忧虑。**尽管现在生活愈来愈艰难，但是它还不至于把我们弄得四分五裂。

人生不该常常受恐惧侵袭，被忧虑蚕食。假使我们觉得自己内向，应该停滞下来，陷入沉思；应该打开窗户，去看看四周的人们，给旁人一点鼓励。此外，晚上的思潮往往是最荒唐的，它常常会超越理性。如果我们不注意，就会使自己陷入病态。一个人如果显得疲惫不堪，大半是因为其内心有什么烦恼的缘故。碰到困难或危险，给予很自然的关切，那是一种健全的处置态度。人生很艰苦，甚至非常艰苦，到处都有可能遭逢险境，但这也仿佛是安排好了的。否则，如果一切都太顺利，我们就变成软体动物了。

一个人经过多少颠沛，也就经历了多少磨练。罗斯福总统也有心境灰暗的时候，有些坏心情甚至永远都无法根除。可是尽管他也有这样的心情，但他的成就却远远超过了许多心情愉快的人士。其秘诀就在于罗斯福能利用和控制自己的坏心情，而不致蒙受其害。罗斯福的传记作家古特·桑德勒堡说过，这种忧郁是罗斯福家族的传统，可是罗斯福却不像一般人那样以此作为借口而因循偷懒。

切勿因过分的忧虑而阻止你前进的步伐。生在这样奇妙的世界上已够幸运的了，为什么为了追悔以往、担忧将来而把时光虚耗！有生之年，我们要珍惜光阴，无论面对什么，都别忘了时时给自己加把劲儿，趁人生的大好年华去做我们该做的事。

习惯微笑吧，它会带给你更多的机会

要让自己快乐非常简单，那就是少一分绝望、多一分自信，在身处绝境时懂得苦中求乐，才是人生的真谛。

快乐是什么？快乐是血、泪、汗浸泡的人生土壤里怒放的生命之花，正如诗人惠特曼所说："只有受过寒冻的人才感觉得到阳光的温暖，也唯有在人生战场上受过挫败、痛苦的人才知道生命的珍贵，才可以感受到生活之中的真正快乐。"

"二战"期间，一位名叫伊莉莎白·康黎的女士在庆祝盟军在北非获胜的那一天收到了一份电报，她的侄儿——她最爱的一个亲人死在战场上了。她无法接受这个事实，决定放弃工作远离家乡，把自己永远藏在孤独和眼泪之中。

正当她清理东西准备辞职的时候，忽然发现了一封早年的信，那是她侄儿在她母亲去世时写给她的。信上这样写道：我知道你会撑过去。我永远不会忘记你曾教导我的：不论在哪里，都要勇敢地面对生活。我永远记着你的微笑，像男子汉那样，能够承受一切的微笑。她把这封信读了一遍又一遍，似乎他就在她身边，一双炽热的眼睛望着她：你为什么不照你教导我的去做？

康黎打消了辞职的念头，一再对自己说：我应该把悲痛藏在微笑下面继续生活，因为事情已经是这样了，我没有能力改变它，但我有能力继续生活下去。

人生是一张单程车票，一去无返。在荷兰首都阿姆斯特丹一座

教堂废墟上留着一行字：事情是这样的，就不会那样。藏在痛苦泥潭里不能自拔，就只会与快乐无缘。告别痛苦的手得由你自己来挥动，享受今天盛开的玫瑰的捷径只有一条：坚决与过去分手。

"祸福相依"最能说明痛苦与快乐的辩证关系。贝多芬"用泪水播种欢乐"的人生体验生动形象地道出了痛苦的正面作用，传奇人物艾柯卡的经历更传神地阐明了快乐与痛苦的内在联系。

艾柯卡靠自己的奋斗终于当上了福特公司的总经理。1978 年 7 月 13 日，有点得意忘形的艾柯卡被妒火中烧的大老板亨利·福特开除了。在福特工作已 32 年、当了 8 年总经理、一帆风顺的艾柯卡突然间失业了，艾柯卡痛不欲生，他开始喝酒，对自己失去了信心，认为自己要彻底崩溃了。

就在这时，艾柯卡接受了一个新挑战——应聘到濒临破产的克莱斯勒汽车公司出任总经理。凭着智慧、胆识和魅力，艾柯卡大刀阔斧地对克莱斯勒进行了整顿、改革，并向政府求援，舌战国会议员，取得了巨额贷款，重振企业雄风。在艾柯卡的领导下，克莱斯勒公司在最黑暗的日子里推出了 K 型车的计划，此计划的成功令克莱斯勒起死回生，成为仅次于通用汽车公司、福特汽车公司的第三大汽车公司。1983 年 7 月 13 日，艾柯卡把生平仅有的面额高达 8.13 亿美元的支票交到银行代表手里，至此，克莱斯勒还清了所有债务，而恰恰是 5 年前的这一天亨利·福特开除了他。事后，艾柯卡深有感触地说：奋力向前，哪怕时运不济；永不绝望，哪怕天崩地裂。

罗曼·罗兰曾说过："痛苦像一把犁，它一面犁破了你的心，一面掘开了生命的新起源。"古人也说："不知生，焉知死？"不知苦痛，怎能体会到快乐？痛苦就像一枚青青的橄榄，品尝后才知其甘甜，品尝它却需要勇气！

其实，要让自己快乐非常简单，那就是少一分绝望、多一分自信，在身处绝境时懂得苦中求乐，无论何时都别忘了笑一笑。这才是人生的真谛。

想让别人嫉妒，你得有让人嫉妒的资本

很多人埋怨人心浮躁，应该保持平和心态。但我们时常看到更多的人在朋友圈变相"炫耀"：今天吃了大餐，昨天去嗨了一把，前天去游了哪儿……

其中不乏妄自菲薄之辈，一副不可一世的态度。其实，做人要保持低调，即使个人才学、相貌、前途、家庭等令人羡慕，也不可过分炫耀、抬高自己，那样反而会招致反感。

事实证明：当你做出有目共睹的成绩、你有了足够的资本时，你根本用不着炫耀，别人就会主动关注你。

李静是一所名牌大学的研究生，毕业后进了一家公司，与她同时进来的同事要么学历没她高、要么学校没她好，为此她很有优越感。

当领导分配她做最基础的工作时，她觉得这是大材小用。一次在结算时，她把一笔投资存款的利息重复计算了两次，虽然最终没有给公司造成实际损失，但整个公司的财务计划却被打乱了。

事后，她却觉得就像做错了一道数学题，下次注意就是了。

她后来办事还是大错没有，小错不断。她的这种态度让主管很不放心，以后再有什么重要的活总找借口把她"晾"在一边，不再让她参与了。没过多久，这位名牌大学毕业的高材生就走上了重新应聘的路。

不要总是认为自己怀才不遇或者是大材小用。首先你要认清自己的才能到底怎样，然后再给自己合适的定位。

有一位留学美国的计算机博士，毕业后在美国找工作，结果接连碰壁，许多家公司都将这位博士拒之门外。因为他们这样想：这样高的学历、这样吃香的专业，为什么会找不到一份工作呢？肯定这个人不怎样吧？

万般无奈之下，这位博士决定换一种方法试试。他收起了所有的学位证明，以一种最低身份再去求职。

不久他就被一家电脑公司录用，做了一名基层的程序录入员。这是一份稍有学历的人就都不愿去干的工作，而这位博士却干得兢兢业业、一丝不苟。

很快，上司就发现了他的出众才华：他居然能看出程序中的错误，这绝非一般录入人员所能比的。这时他亮出了自己的学士证书，老板于是给他调换了一个与本科毕业生对口的工作。过了一段时间，老板发现他在新的岗位上游刃有余，还能提出不少有价值的建议，这比一般大学生高明。这时他才亮出自己的硕士身份，老板又提升了他。

有了前两次的经验，老板也比较注意观察他，发现他还是比硕士有水平，其专业知识的广度与深度都非常人可比，就再次找他谈话。

这时他才拿出博士学位证明，并叙述了自己这样做的原因。此时老板才恍然大悟，毫不犹豫地重用了他。

这个博士是聪明的。他敢于放下身份与架子，甚至让别人看低自己，然后在实际工作中一次次地展现自己的才华，让别人一次一次地对自己刮目相看，他的形象就逐渐高大起来。

如果总是感叹自己"大材小用"，那么抱怨会让你的生活更加糟糕，你会看不到生活中美好的东西。这样只会消磨你的志气，是你成功进取的致命伤。

　　即使你真的遭遇了不公平的事情，自怨自艾也绝对不是解决问题的办法。靠你的实力证明自己吧，没有人可以阻止你努力。

　　当你的成就有目共睹的时候，就没有什么能够阻挡你前进的脚步了。当你有了足够的资本了，何愁别人忌妒与不忌妒？

心怀感恩，善良能帮你赢得一切

很多人都追问过，什么是幸福？不同的人会给出不同的答案。但有一点是相同的，即真实的幸福一定是建立在感恩之心的基础上。

有人问智者：我怎样做才能得到我想要的一切？

智者答：仁慈与善良能帮你赢得一切。

英国著名的哲学家、法学家边沁说："善言必然导致善行。"不仅听到这句话的人会做好事，而且那些受雇于你的人们都会择善而行、积德行善。这并非偶然的个别现象，而是一种普遍行为，因为人与人之间这种友谊伙伴关系总在起作用。

自私自利对年轻人来说尤其可耻。自私自利者只关心自己而无视他人的利益，个人的小我吞没了大我。这种私欲恶性膨胀的人，永远无法满足自己的欲望，所谓人心不足蛇吞象讲的就是这种极端自私自利的人。这种人终究会被自己恶性膨胀的私欲所吞噬，所以说自私自利是人生的天敌。

俄国大文豪托尔斯泰曾说过一个故事：

有一个小女孩人见人爱，凡认识她的人没有不喜欢她的。这真奇怪，难道一个小女孩有那么大的魅力？有人问她："为什么大家都喜欢你呀？"小女孩眨了眨眼，笑着回答说："我想是因为我爱每一个人的原因吧。"

答案是多么的简单，却有多么深的启发意义呀。我们到底拥有多少幸福和快乐，这要取决于我们自己到底付出了多少爱。幸福和快乐与爱是呈正比的关系。

仁慈善良的行为有时并不能使对方从中得到教益和启发，但只要方法适当，你的仁慈善良一定会使对方感动。友好的行为也许会换不来好的回报，一腔热血可能会换来一盆冷水，但别人的冷水无法使你的热心消减，乐善行德并不在于一时一地的回报。**你心向善良，当以至诚，尽心竭力把友谊和文明的种子播向人间，这些种子总会找到适合自己生长的土壤，并在他人的心中生根、发芽、结果。**

看到幸福之花在人们心中开放，仁爱之心像星星一样遍布人间，你会感到多么的幸福！这是人们对你最高的回报。春播秋收，一分耕耘一分收获，让我们去掉自己那颗自私自利的心，多播一些爱的种子吧。"任何力量都不如善良的力量大。"培根如此断然说。

善良是一种无比巨大的情感力量，她能使冰川融化成碧波荡漾的春池。人总是贪图安逸享乐，贪图安逸享乐就会产生邪恶。心地善良仁慈的人都是积极工作、吃苦耐劳的人，那些只知道自己的自私自利之徒和怀疑论者都是一些无所事事、缺乏热情的懒汉。法国博物学家韦丰常说，"对于那些缺乏热情的年轻人，他什么东西都不愿给他们。"这表明韦丰至少相信某些高尚、美好的东西，尽管有时这些高尚美好的东西难以获得。

有人误认为仁慈和善良体现在物质上，给人以仁慈和善良就是给人以物质与财富。其实，仁慈和善良真正的体现是那颗诚挚的心。用钱财表现出来的心不仅不可靠，而且往往还带来灾祸。有人从钱包里拿出钱来抛给你，但他的心却是冰凉冰凉的。有人虽不能给你什么，但他那一颗火热的心给予你无穷的力量，胜过那冰凉物质礼品的千倍万倍。善良的帮助、真实的关心绝对会产生好的结果。

懦弱、愚昧与善意之中的温良绝对是性质不同的两码事。谦恭并不等于胆怯，心平气和绝不是怯弱。真正的善良和仁慈并不表示消极、被动，而是表示积极和主动。一个善良仁慈的人必定是一个极富同情心的人，那种心冷如铁、麻木不仁的人绝不可能与人为善、友爱他人。

一个彼此友爱、互相关心的社会并不是胡乱堆在一起的糨糊，而是一个有机的整体。至真至善的仁爱必定会最大限度地促进人们运用各种合情合理的手段尽自己的最大努力去积善行德。

所谓日行一善，其实就是为了破除人生的大敌——自私自利，只有如此，未来的道路才能更平坦。

当然，也有人常说"人善被人欺，马善被人骑"。"马善"是说马温驯，而"人善"指的是人除了温驯、没有反抗的性格之外，还包括热忱、善良、厚道、心软、服从、软弱、畏缩及缺乏主见等。

不过，畏缩及缺乏主见的人可能有硬脾气，虽然是个小人物，但不合他脾气的话他一样是听不进去也指挥不动他，这种人反而不一定会被人欺。最易被人欺的都是有善良及温厚特质的人，也就是"好人"。

"好人"因为一切与人为善，不争不抢、不使手段、不会拒绝别人，因此反而常被利用。像作战时，冒死犯难打前锋、不顾生死救同胞的，大部分会在"天堂"见面。而怕死奸邪狡诈的，反而躲在后面。

好人要做，但你一定要有自己的原则，因为一味地容忍只会换来别人对你更大的伤害。"好人"是应该受到尊重和保护的，但是在弱肉强食的生物链里，"好人"反而会成为受害者，这实在很悲哀。这样说，相信很多"好人"心有戚戚焉。

"好人"应该保持好的特质，没有必要使自己变坏。偶尔吃些小亏也不必过于在乎，权且把它当作做好人的"代价"好了。况且，要好人不"好"也不太容易，但是面对复杂的社会"好人"还是要有保护自己的方法。

"好人"应该怎么保护自己呢?

1. 确立自己待人处世的原则

人有了原则,自然会有所为、有所不为。例如,宁可送人钱,但不借人钱;我不犯人,但不容许人犯我;宁可舍身救人,也不帮助邪佞小人……这都是原则。有了原则,对别人的要求就不会照单全收。如何坚守原则是"好人"的困扰所在,因此还要有拒绝的勇气,如果能拒绝别人几次,别人自然就不敢随便向你提出无理或有害于你的要求。

让人了解你的处世原则,可以采用事前打"预防针"的方式,这样就会在事先封住别人的所求。这种方法是在日常行为当中适时地"透露"一些自己做事的原则,这样不经意地会给别人一些禁忌,以免一有什么事就找到你的身上。"预防"为主,会让你省却许多麻烦,毕竟开口说"不"对一个好人来说更难一些。还有一点要说明的是,待人处世的原则要以明辨是非与独立思考的能力做后盾,否则就会拒绝不应拒绝的事,接受不该接受的要求。

2. 适度的抗议和生气

有些人以欺负"好人"作为生存的手段,因此当你受到不公平的待遇时要有勇气抗议,但这种抗议必须有气势,不必得理不饶人,但要充分表达你的立场。至于生气,也不必闹翻天,但要让对方了解你的立场。一般喜欢捏软柿子、欺负好人的人,心都是虚的,因为他不敢去欺负"坏人",因此你的抗议和生气会产生相当的效果。人性有令人悲哀的一面,那就是欺软怕硬。所以,你做好人没有错,但一定注意不要把善良和软弱混为一谈。

应该怎样去表现你的抗议与生气?最重要的一步就是弄清楚你自己的感觉和看法。譬如,有人想左右你对某件事情的反应,请记住你也一样有权利决定自己的反应，你也可以要求别人暂时停止做某些行为。不要为你的要求觉得抱歉，如果这些要求没有马上受到重视，你至少要设法让他知道这种行为让你有多不舒服。

将这些原则变成习惯，你可以避免许多混杂的事情。总之，要想不被人欺负，就要武装自己；不必去攻击别人，但必须能保护自己。

一个人只有具备了感恩的心，在他眼里的世界才是美好的，他才会更加珍惜自己拥有的一切；反之，如果一个人连最起码的感恩的心都没有，那么在他眼里和心里只会有更多的怨恨情绪，又何来幸福可言呢？只有心存感恩，才会幸福一生！

Part10 升级自我

足够优秀，才是你最大的资本

勇气是智慧和一定程度教养的必然结果。

——列夫·托尔斯泰（俄国）

选对一本好书，胜过你十年努力

列夫·托尔斯泰有句名言：理想的书籍是智慧的钥匙。高尔基也曾说过：书籍是人类进步的阶梯。

生活中我们离不开阳光空气，同样，离开书本的日子是最乏味的，与书相伴的人生才最有意义。

程颐说："外物之味，久则可厌；读书之味，愈久愈深。"张竹坡说："读到喜、怒俱忘，是大乐处。"陆云士说："读《三国志》，无人不为刘；读《南宋书》，无人不冤岳。庸人不知其怒处亦乐处耳。怒而能乐，惟善读史者知之。"苏东坡说："腹有诗书气自华。"衣着，赋予你外在的美；读书，才能给你气质的美。拥有了书，生命也就有了寄托。

托尔斯泰酷爱博览群书。在他的私人藏书室，参观者可以看见13个书橱，里面珍藏着23000多册20余种语言的书籍，这些藏书为他的创作提供了大量的原始材料。据说，他喜欢把书借给别人看，与他人共享读书的快乐。

读书，是一种美丽的行为。在读书中，天上人间尽收眼底；五湖四海尽在脚下；古今中外醒然可观。读书，让我们懂得什么是真、善、美，什么是假、丑、恶；读书，让我们丰富了自己，升华了自己，突破了自己，完善了自己。

寒夜孤灯，捧书卷、闻墨香，那感觉如同盛夏里吸吮冰凉的饮料，甜滋滋、凉悠悠。读书的感觉，只有爱读书的人才会有；读书的快乐，全在求知的过程中。读书，让你品味人生的酸甜苦辣，品味生活中的各色景观。

能够读书，自然是件快乐事；能够读上一部妙书，那就更是一种幸福了。但是，对于那些蝇营狗苟、急功近利之徒来说，倒也未必如此。所以，这读书的快乐也是因人而异的，因为幸福只是一种心灵的感受。人的心灵有着不同的境界和模式，幸福的程度或者感受也有着相当大的差异。

人是需要读一些书的，尤其是在现在富了物质穷了精神的时代。许多人在生活中迷失了方向，通过读书可以把自己从物欲名利中解脱出来，塑造美好的生活观念。古今中外名人在读书中都有极精彩的话语，唐朝皮日休赞美读书的好处："惟文有色，艳于西子；惟文有华，秀于百卉。"英国莎士比亚谈道："书籍是全世界的营养品。生活里没有书籍，就好像没有阳光；智慧里没有书籍，就好像鸟儿没有翅膀。"当代作家贾平凹说得更为精彩："能识天地之大，能晓人生之难，有自知之明，有预料之先，不为苦而悲，不受宠而欢，寂寞时不寂寞，孤单时不孤单，所以绝权欲，弃浮华，潇洒达观，于嚣烦尘世而自尊自强自立不畏不俗不谄。"

读书有三大快乐。

快乐之一：我们每一个人在现实生活中的提高都与书籍有密切联系，书籍是我们认识现实的桥梁，书籍使我们脱离蒙昧走向文明。通过读书我们可以上知天文下晓地理，可以穿越时间隧道去体验春秋战国时代的连绵战火，观望盛唐的繁荣。读凡尔纳、柯南·道尔的科幻小说把我们提前带入缥缈而又精彩的未来世界。

快乐之二：书籍是一面镜子。作者在书中表现坚毅的品性、开阔的胸襟、积极的志向，通过阅读可以照见自己的缺点。日复一日地阅读下去，我们被书籍潜移默化，我们逐渐形成全新的道德观念和行为准则。同时，读书是一个读者与作者交流的过程，我们在阅读中进入了作者的心灵世界，在不断汲取的同时还要学会扬弃，这样读书就变成了积极地参与。

快乐之三：书籍并不总是在于我们记住了书本身，更重要的是给予我们的启示。一本好书就像一个掘宝人，开采出隐藏在我们心中的宝藏，要是我们能够得到掘宝人的话，大多数人心中都有可供采掘的宝藏。我们在书里常常发现我们所想的和感受到的，只是我们没有表达出来而已。读书唤醒我们潜在的能力，在书里我们认识了自己。

读书最快乐的境界莫过于进入美感境地，我们没有功利目的，只读自己喜欢的书。读书使我们足不出户便可以心游万仞、目极八荒，愿人们在书海中遨游，捡拾美丽的贝壳，构筑自己的精神大厦。

生活中有许多的情趣，我尤其喜爱读书。从古至今读书的益处被人们反复称颂，不知是否每个人都能够认同，而我从读书中的确体会到了至高无上的快乐和满足。

读书，且读对人有积极影响的好书，是一生中的幸事，有可能从此你的世界观会有很大的改变。书是作者智慧的结晶，是对人生经过沉思后精心筛滤过的自我陈述，所以经常读书是完成思想成熟的一种捷径。

当阅读时，你会抛开一切烦恼，悄然地被作者带入一个全新的文化境界里自由漫步。在无数个夜晚，你与一位长者展开了平静深远的交谈，驰骋古今、横跨时空与地域。长者充满智慧且言语坦诚，他的思想会慢慢融入你的心灵深处，字字叩击着你幼稚的灵魂。潜移默化中你对世界万物的着眼角度开始发生变化，你会用心去体会人生的真正含义，能够快乐积极地对待生活，学会欣赏美并去创造美，你将踏着智者们的思想阶梯逐步达到一定的领悟境界，认知到宇宙自然的博大和自身的渺小。

　　有人把一生不爱读书的人比作囚徒，他们囚禁在自我和无知的牢笼里，他们会经常地抱怨："生活淡而无味，工作周而复始。"他们一定无法感到快乐，因为他们把自己套在一成不变的生活程序里，更多地关注利益和得失，不仅对于外界的精彩无知无觉，而且忽视了生活中的点滴快乐，这种损失是非常可怕的。古人曾说："三日不读书，面目可憎，语言无味。"我想这就是真实的写照吧。

　　生活中我们离不开阳光空气，同样，离开书本的日子也会是乏味至极，与书相伴的人生才最有意义。一本好书会影响一个人的一生。愿你我都珍惜读书时间，随手拿起一本心爱的书本，开始彼此的阅读人生。

小不忍则乱大谋，想成事自己要先站稳

一个人只有自己站稳，才能够给别人以关怀和信赖感。要想自己站稳脚跟，稳住自己是关键。这就要求我们一定要增强自己的忍让能力，所谓"小不忍则乱大谋"就是这个道理。

做人就要培养一种大度，这是为人处世的最基本原则。人不是万能的，总有好多事情自己没能力解决而无可奈何，这时候，常常需要忍耐。暂时的忍辱负重可能是解决问题的最好方法，因为意气用事会错失良机。

我国古人就深谙忍耐的道理。古人所说"和气生财"，就是指通过忍耐来达到和气的目的。他们懂得忍让并不是懦弱地躲避，而是有意识地忍耐，为的是有朝一日东山再起。楚霸王项羽尽管号称"霸王"，但是最后却败在韩信手中，之所以如此，很大一部分原因就是他不懂得忍耐。

忍耐能让人获得机会，争取更大的空间。它不是一个抽象的概念，它表现在于具体环境里理智地区分什么重要、什么不重要；什么是原则问题，什么是非原则问题；什么必须现在解决，什么可以暂缓解决。《菜根谭》中说："舌存常见齿亡，刚强终不胜柔弱；户朽未闻枢蠹，偏执岂能及圆融。"牙齿是刚强的，可是却经不起虫蛀菌噬，常被腐蚀至脱落；舌头是柔软的，虽经酸甜苦辣却毫发无损。这里提倡的就是一种貌似软弱、实则刚强的做人智慧。

忍，是避免风险与烦恼的有效方法。《增广贤文》以较多篇幅

说明了忍的价值："是非只为多开口，烦恼皆因强出头。""忍得一时之气，免得百日之忧。"《论语》载，孔子曰："小不忍则乱大谋。"这句话更是广为流传。

至于我们常说的"坚忍"则包含两方面的意思：一是"坚"，是坚持目标与信念；二是"忍"，是忍受一切不公正、伤害、压力与屈辱。总体来说，就是为了坚持自己的追求，忍受一切难以忍受的东西。成语"忍辱负重"，说的也是这个意思。金庸的小说《倚天屠龙记》中，武当派掌门人张三丰对此做出过妙解："不忍辱焉能负重？"——不忍受侮辱，怎么能够担负重任呢？

忍是非常务实、通权达变的生存智慧。凡是生活中的智者，都懂得忍之道，他们总是以表面上的退让、割舍和失败来换取对方的认可，从而在根本上保证了自己更长远或更大方面的利益。

忍让，是理性的以柔克刚、以退为进，顾全的是大局，着眼的是未来。它是人生智慧中不可或缺的，它是一种心法、一种涵养、一种美德。可以毫不夸张地说，忍学是我们走向成功的必修之术。

事实证明，但凡成功之人都有一身坚不可摧的"忍功"，通过此功走出困境。

隋朝的时候，隋炀帝十分残暴，各地农民起义风起云涌，隋朝的许多官员也纷纷倒戈，转向帮助农民起义军。因此，隋炀帝的疑心很重，对朝中大臣尤其是外藩重臣更是易起疑心。

唐国公李渊（唐高祖）曾多次担任中央和地方官，所到之处悉心结纳当地的英雄豪杰，多方树立恩德，因而声望很高，许多人都来归附。这样，大家都替他担心，怕他遭到隋炀帝的猜忌。正在这时，隋炀帝下诏让李渊到他的行宫去晋见。李渊因病未能前往，隋炀帝很不高兴，多少产生了猜疑之心。当时，李渊的外甥女王氏是隋炀帝的妃子，隋炀帝向她问起李渊未来朝见的原因，王氏回答说是因为病了，隋炀帝又问道："会死吗？"

王氏把这个消息传给了李渊，李渊更加谨慎起来。他知道自己迟早会为隋炀帝所不容，但过早起事又力量不足，只好隐忍等待。于是，他故意败坏自己的名声，整天沉湎于声色犬马之中，而且大肆张扬。隋炀帝听到这些，果然放松了对他的警惕。

这样，才有后来的太原起兵和大唐帝国的建立。李渊在隋炀帝对他怀有戒心的时候没有选择与之对抗，因为那时的他并没有与皇上对抗的能力，只好在假象的保护下忍受着不情愿的痛苦。终于在时机成熟的时候，他建立了唐朝，推翻了隋炀帝的暴政，永远不用再忍受暴君的统治。

忍，不是一味妥协，不是委曲求全，"沉默是为了雄辩，而非噤声；雌伏是为了雄飞，而非隐退；忍辱是为了雪耻，而非饮恨！"忍，是一种以退为进、以弱胜强的做人哲学！

忍作为一种处世的学问，对于人们来说，是绝对不可缺少的。俗话说：心字头上一把刀，一事当前忍为高。无论是在事业上，还是在个人的人生征途上，挫折和失败是难免的。暂时忍让是战胜挫折、走出困境的重要方略。能在关键时刻做到忍耐，关键在于自己要学会克制、学会看开，不要把一时的不如意当成永远的失败，要相信一时的忍耐是为了明天的辉煌。

那么，怎样培养自己的忍让能力呢？

首先，要培养自己的宽容之心。"世界上最宽阔的是海洋，比海洋宽阔的是天空，比天空更宽阔的是人的胸怀。"宽容是一种博大、宽容是一种境界。"严以律纪，宽以待人"，对任何人、任何事，都要用宽容的眼光去看待。

其次，在学习、生活中应该理智，冷静稳重，遇事要三思而后言、三思而后行，遇到重大问题时要反复告诫自己不要感情用事。

再次，要用乐观的态度对待事情。一个悲观的人总是很容易想到事物不好的一面，而且心情比较压抑和郁闷，所以总会对别人不满或者生气。虽然有的人平时看起来很乐观，可是一旦遇到什么事情就悲观起来，这也不算真正的乐观，只能说是在风平浪静的时候比较开心，这是人之常情。**真正的乐观在于你自己的心态，不论在什么时候都可以给自己鼓励和希望，并且相信自己。**

另外，自己一定要做好，要让自己优秀、积极。因为一个过得很不好或者不顺利的人心情很难好起来，一旦别人触犯了自己，就会觉得非常生气，即使不表现出来心里也很恼火。只有自己优秀了，把自己的事情做好了，自己的忍让才有价值。我们现在忍让的目的是为了明天的不忍让，所以要让自己变得更加优秀。

总之，忍是品质，是志向，是修养，是意志，是智慧，能力。只要一发火，你就会乱了阵脚。所以，一定要学会忍、做到忍，这是成就伟大事业的必需，是养成高尚品德的必需。一句话，是做人做事的必需。学会忍，学会在忍中锲而不舍地追求，在忍中更深刻地感悟人生，这才是最最重要的人生一课。

当今世界竞争日趋激烈，要立足于社会，不但要练就过硬的本领，还要有"大肚能容，容天下难容之事"的气魄和胸襟。这样，才能在保全自己的前提下为将来谋得更大的发展。

提着灯笼也要找，去寻你一辈子的知己

常言道：万两黄金易得，半个知己难求。**人生一世，如果能结交一两个真心实意待你的朋友，千万要珍惜。好朋友就如一面明镜，能照你身上所有的优点和不足。如果交到这样的朋友，你就拥有了富贵的财富。**

或许你已经有了知己，或许你还没遇到心中理想的挚交，但至少，你要知道谁对你更重要。在我们一生中，真正能够影响我们的贵人往往只有几个。

"交朋友时，应选择益友。"这句话的意思并不是要你看人交朋友，凡对自己没有益处的人一概不与交往，而是让你在广泛交友的同时，更注重给了我们 80% 价值的 20% 那部分关系。

对个人交友及职场而言，数量少但程度深厚的人际关系优于广泛而肤浅的关系。每个成功者都会告诉你，他们的朋友所提供的全部价值中，至少 80% 是由不到 20% 的盟友所给的。20% 的关键朋友对你的生活起了很重要的作用。

让你说出朋友的名字，可能会有上百人，但如果进行评估你会发现，每个朋友所给你的价值是相差悬殊的。通常，其中的几个会比其他的要重要很多。

盟友不在多，而在真正的价值。你与各个重要盟友之间，以及盟友与盟友之间，都有真正的关系。他们能适时适地提供你所需的帮助，与你一起谋求共同利益。盟友必须信赖你，你也要信赖他们。

找来笔和纸，写下对你来说最重要的人的一些情况，然后分为生活和工作两组，看看谁对你来说更重要。这个测验可能会让你大吃一惊，但绝对有利于你合理调配人际交往，把你的时间和精力花在最重要的人际关系上。

一个人要获得稳固、长期的成功，必须掌握20%的关键人际关系。也就是人生80%的成功，是来自于你认识的20%的人的帮助。

中国清末大商人胡雪岩生前人缘充沛、冠盖京华，但是真正影响他成功的关键人物只有两个，即杭州知府王有龄和湘军名将左宗棠。前者帮助他站稳脚跟，后者让他事业更上一层楼。

胡雪岩最初与王有龄交往时，正是王有龄落魄之时。当时还是钱庄伙计的胡雪岩冒着危险，慨然将钱庄的500两银子赠予王有龄，供其打通关节做官。王有龄在得到胡雪岩相助的500两银子后，鸿运大发。他在北京得到昔日同窗何桂清的帮助，顺利当了浙江海运局坐办，专门主管海上运粮的船只。这在清末算得上是一份很有油水的官职，这意味着胡雪岩选对了人，自己也就有了飞黄腾达的机会。

接下来就是影响胡雪岩事业更上一层楼的左宗棠。胡雪岩与左宗棠相遇之时正是左宗棠攻陷杭州城时，时值左军缺粮与缺饷问题严重。军队吃不饱没有力气作战，又没有钱发军饷，所以更没有心思卖力打仗。胡雪岩先不谈利害，为道义、为殉城的好友、更为左宗棠出钱出力解决这两项难题，两人从此结为知己。

职场政治守则的第一条是："重要的不在于你懂得什么，而在于你认识谁。"这是我们应当接受并妥善利用的不成文生存法则之一，光凭能力是远远不够的。

能够影响我们一生的贵人往往只有几个。知道了谁对自己更重要，在人际交往中注重这关键的20%的人物，有利于我们把握人生。

有的人嘴上说得天花乱坠却不办实事。事实上，只有经常批评、指责你的人才是你人生的导师。

人的一生受到朋友的影响是相当大的，很多人因为朋友而成功，也有很多人因朋友而失败，甚至因朋友而倾家荡产、妻离子散。

害怕因为朋友而失败，那不交朋友可以吧？

事情并不是那么简单。没有朋友，也就差不多无路可走，寂寞一生了，即使你闭紧心扉还是会有人来用力敲。当有人来敲你的心扉时，你应还是不应？应的话，可能那是个坏朋友；不应的话，你可能失去一个好朋友。

因此，你总是要面对"交朋友"这个问题的。交到好的朋友，你可能会受益一生，得到无限的乐趣，至少不会受到伤害。而若交到坏的朋友，想不走入歧途、不倒霉是很难的。

一样米饲百样人。人有很多种，在对待朋友的态度上也有很多种类型，有每天说好话给你听的，有看到你不对就批评、指责你；有热情如火、喜欢奉献的，也有冷漠如冰只考虑个人利益的；有憨厚的，也有狡诈使坏的……

这么多类型的朋友，好坏很难分辨，当你发现他坏时常常是来不及了，因此平时的交往经验极为重要。不过有一种类型的朋友肯定是值得交往的，那就是会批评、指责你的朋友。

和只会说好话的朋友比起来，那些只知道批评、指责你的朋友是令人讨厌的，因为他说的都是你不喜欢听的话。你自认为得意的事向他说，他偏偏泼你冷水；你满腹的理想、计划对他说，他却毫不留情地指出其中的问题，有时甚至不分青红皂白地就把你做人做事的缺点数说一顿……反正，从他嘴里听不到一句好话，这种人要不让人讨厌也真难。但是这种朋友如果被你放弃，那就太可惜了。

基本上，在社会做过事的人都会尽量不得罪人，因此多半是宁可说好听的话让人高兴，也不说难听的话让人讨厌。说好听话的人不一定都是"坏人"，但如果站在朋友的立场只说好听的话，就失去了做朋友的义务了；**明明知道你有缺点而不去说，这算是什么朋友呢？如果还进一步"赞扬"你的缺点，则更是别有居心了。这种朋友就算不害你，对你也没有任何好处，大可不必浪费时间和这样的人交往。**

但实际上的情形如何呢？很多人碰到光说好话的朋友便乐陶陶，不知是非了；其实他们顺着你的意思说话，让你高兴，为的就是你的资源——你的可以利用的价值，很多人被朋友拖累就是这个原因。

比较起来，那些让你讨厌、像只乌鸦、光说难听的话的朋友就真实得多了。这种人绝对无求于你（不挨你骂，不失去你这个朋友就很不错了），他的出发点是为你好，这种朋友是你真正的朋友。

也许你不相信我所说的，那么想想父母对待子女的态度好了。

一般父母碰到子女有什么不对总是责之、骂之，子女有什么"雄心壮志"，也总是想办法替他踩踩刹车，不让他脱缰而去。为的是什么？是为子女好，怕子女受到伤害、遭到失败。这是为人父母的至情，只有父母才会这么做。

朋友的心情也是如此的，否则他为何要惹你讨厌？说些好听的话，你说不定还会给他许多好处呢。

愿人生路上，每一个人都有良遇。

你认识谁不重要，你受欢迎才重要

在好莱坞流行着一句话：**"一个人能否成功，不在于你知道什么，而是在于你认识谁。"** 卡耐基训练区负责人黑幼龙指出，这句话并不是叫人不要培养专业知识，而是强调："人脉是一个人通往财富、成功的门票。"这就说明了人际关系对一个人的成功起着非常关键的作用。

因此，不管是谁，每个人都希望做个受欢迎的人。许多人以为只要和蔼可亲、面带微笑就可以成为受欢迎的人，其实不然。要做个受欢迎的人不是件容易的事，但也不是件难事。一个人在关键时刻体现出的交际能力往往能够成为自己获得机会或成功的关键，关键时刻更能体现出一个人的综合素质，更能够成为别人承认与接纳你的重要标准。

李开复先生曾经说过：人际交往能力是一个现代科技人成功必须具备的一种能力，因为任何工作的推动不是在"真空"中完成的，而是要靠一个缜密的人际网络，经过沟通、讨论、合作才能达到。有学者分析，成功的管理人只有15%是依靠专业知识，而85%依靠的是人际能力。

好的交际能力包括好的自觉力和他觉力，也就是有足够的情商全面对自己以及情境进行评估，不是一味地以自我为中心、目中无人，也不是一味地在乎他人的眼光不能自我表达。

在关键时刻表现出的交际能力，更能体现一个人的情商。一个交际高手能够让别人在短短的几分钟内就对自己产生好感，并且愿意与自己进一步交流。这样的人是不是更容易达到自己的目的呢？会不会与他人交际，是决定一个人能否成功的很关键的因素，因为你无论做什么事情都无法避免与他人接触。只有让你接触的人能够喜欢你或者能够对你产生好感，那么你才可以更好地与对方去谈你要做什么、怎么做。如果别人对你产生了不好的印象，就不会给你太多机会了，不是吗？

关键时刻的交际能力，能够让你在关键时刻化被动为主动，能够让你在关键时刻体现自己的才能，让对手对你刮目相看，能够给你带来更多的机会，能够让你转败为胜。

交际能力不是天生的，是需要后天锻炼的，没有谁一开始就是交际高手。只有经过不断磨练，才能成为高手，让自己在关键时刻一展风采。

受人欢迎的人都有优良的品行，在处理人际关系时能做到不卑不亢，尽量能照顾别人的面子；受欢迎的人在出现尴尬场面时，能妥善地化解并调节气氛；受欢迎的人在出现激烈的争执时，能最适时地打圆场，照顾双方的情绪，起到调节的作用；受欢迎的人对待周围的人能一视同仁，不以贫富美丑、职位高低来划分亲疏，不道别人之短也不说自己之长。

美国开国总统华盛顿还是一位上校的时候，他率领着部队驻守在亚历山大历亚。在选举弗尼亚议会的议员时，有一个名叫威廉·佩恩的人反对华盛顿所支持的候选人。在关于选举问题的某一点上，华盛顿与佩恩形成了对抗。华盛顿出言不逊，冒犯了佩恩，佩恩一怒之下将华盛顿一拳打倒在地。华盛顿的部下闻讯群情激愤，部队马上开了过来，准备教训一下佩恩。华盛顿当场加以阻止，并劝说他们返回营地，就这样一场干戈暂时避免了。

　　第二天一早，华盛顿派人送给佩恩一张便条，要求他尽快赶到当地的一家小酒店来。佩恩怀着凶多吉少的心情如约到来，他猜想华盛顿一定要和他进行一场决斗，然而出乎意料，华盛顿在那里摆开了丰盛的宴席。华盛顿见佩恩到来立即站起来迎接他，并笑着伸过手来说道："佩恩先生，犯错误乃人之常情，纠正错误是件光荣的事。我相信昨天是我不对，你已经在某种程度上得到了满足。如果你认为到此可以解决的话，那么握住我的手，让我们交个朋友吧。"华盛顿热情洋溢的话语感动了佩恩。从此以后，佩恩成为一个热烈拥护华盛顿的人。

　　华盛顿就是在与别人发生冲突的关键时刻发挥了与常人不一样的交际风格，他没有选择以牙还牙，而是选择了给对方台阶，用自己的宽容化解了两人之间的矛盾，并且多得到了一个支持者。交际高手的高明之处往往就是在关键时刻选择以化解矛盾并且获得最大效益的方法来表现个人魅力。

　　一个受欢迎的人，同时也是乐善好施的人。乐于助人能使你建立起属于自己的"关系网"，这对于你的生意活动是相当有利的。善于助人的人在性格上也大都是宽宏大度的，在交际中他能融洽气氛、沟通感情、活跃场面。

　　无论什么事情都是需要每个人的协作才能完成的，因此，能否调动每个人的积极性是至关重要的，这就需要有很强的交际能力，尤其是在事业处于低谷等关键时刻的时候，这样的能力尤为重要。

　　你是谁、你认识谁并不重要，重要的是你受欢迎。所以，要想成为一个交际能力很强的人，必须让周围的人感受到你的热情与真诚，这样才能打动别人、调动起所有人的积极性，才能推动并获得事业的成功。

吸引注意力，用自己的闪光点抓住贵人

人生在世，走向成功的机会可能并不多，而仅有的机会又往往掌握在你身边的贵人手中。历史上有很多例子都说明了"有了贵人的提携，才有机会发展"的道理。

在贵人面前你的表现是否得当，往往会决定你能否将其"抓住"，得到他的提携。所以，关键时刻你的的表现能力绝不容忽视。

表现能力是引人注意、抓住贵人的重要前提。关键时刻的表现能力，往往能够吸引贵人的眼球，让其发现你的长处，进而为你带来良好的机遇，让你的命运由此而改变。为了更好地诠释什么是表现能力，我们来看看由学徒发展成洲际大饭店总裁的罗拔·胡雅特的成功经历。

胡雅特是法国知名的观光旅馆管理人才。可是他当年初入这行时，不仅对这一行懵懂无知，而且还带着几分勉强的心情。因为那完全是他母亲一手安排的，胡雅特一点也不感兴趣，但也没有反对的意思，只是浑浑噩噩的。这样的工作方式，当然谈不上机遇不机遇。

刚进这行的时候胡雅特很不适应，便想离开。但他母亲认为，抱着怜悯自己、同情自己的心理改变主意以后就会形成习惯，一遇到困难就打退堂鼓最终将会一事无成。胡雅特最后还是回到训练班，结果以第一名的成绩毕业，并侥幸进入巴黎柯丽珑大饭店。

胡雅特进去是当侍应生，但他知道，观光大饭店接待的是各国人士，必须有多种语言能力才能应付自如。于是，他在工作之余，开始自修英语。三年之后，柯丽珑大饭店要选派几个人到英国实习，胡雅特被录取。

在英国实习一年回来后，胡雅特由侍应生升为了领班。接着，他获得一个机会到德国广场大饭店实习。胡雅特到德国后不久，正赶上20世纪30年代的经济不景气，观光客的人数跟着锐减，大饭店的经营非常不容易。他利用广场大饭店过去旅客的资料，动脑筋设计出一些内容不同的信函分别寄给旅客，使广场大饭店平稳地度过了这段艰苦的时期。他这些函件，其中有400多封直到现在还有不少观光业作为招揽客人的范本。

这时候，胡雅特已经具备英、德、法三种语言能力，但一直没有机会去美国看看，于是决定请假自费到美国看一看。经理却决定特准予他公假，以公司名义去美国考察，一切费用由公司承担。

胡雅特一到美国就去拜见华尔道夫大饭店的总裁柏墨尔，并把经理的亲笔信交给他，请他给自己一个见习机会并要求从基层做起。

胡雅特真的从擦地板开始做起，这个做法给他带来了好运。

有一天，华尔道夫的总裁柏墨尔到餐厅部来视察，看到胡雅特正在趴着擦地板。他跟这位来自法国的青年见过一面，印象颇为深刻，不禁大为惊讶。

"你不是法国来的胡雅特么？"柏墨尔走过去问。

"是的。"胡雅特站起来说。

"你在柯丽珑不是当副经理吗？怎么还到我们这里擦地板？"

"我想亲自体验一下，美国观光饭店的地板有什么不同。"

"你以前也擦过地板吗？"

"我擦过英国的、德国的、法国的，所以我想尝试一下擦美国地板是什么滋味。"

"是不是有什么不同？"

"这很难解释，"胡雅特沉思着说，"我想，如果不是亲自体会很难说得明白。"

柏墨尔的眼睛里突然闪起一道亮光，用力注视了他半天，才说："你等于替我们上了一课。下班后，请到我办公室来一趟。"

这次相遇，使胡雅特进入了美国的观光事业。自此以后，胡雅特的事业蒸蒸日上，一直干到洲际大饭店的总裁，手下有64家观光大饭店，营业范围遍及世界45国。

胡雅特的经历形象地诠释了什么是表现能力。虽然他的成功不乏机遇的因素，但再仔细想想是什么让他赢得了机遇？其实最本质的原因还在于他自己的表现，是谦虚的表现让他赢得了贵人的青睐从而走上了成功之路。

当然，恰当的表现能力会为你赢得更多的精彩。人常说，希望出门遇贵人。所谓的贵人，就是对你有所帮助、愿意随时伸手拉你一把的人，他们不求回报甚至对你毫无所求。每个人的生命中都可能存在着许多贵人，有的是他们主动对你伸出援手，有的则需要通过你恰当的表现去捕获这些可以利用的贵人。

Randy在一家著名的跨国公司出任分区经理，英文极佳，用英文写东西甚至比中文更富文采。每当人们听他用流利的英文与人说话时，都会羡慕不已。在Randy这里，有一段职场遇贵人的故事。

Randy大学刚毕业就考进了这家著名的跨国公司，他自知英文很差，便死记硬背了所负责产品的英文解说词。一次下班后他单独留在办公室，这时进来一个中年人，找个座位坐下来就开始用电脑工作。Randy留心一看发现并不是熟面孔，手上的工作不敢放慢，生怕是上面派下来检查工作的。这时一个客户电话打进来，正好碰上是Randy所负责的产品，因为那套英文解说词已经背得滚瓜烂熟，所以Randy用英文"精彩"地演说了一番。电话接完，中年人抬起头，说了一句：你是 Randy？英文很棒嘛！

几句话下来才得知，这位竟然是 Randy 老板的顶头上司，该跨国公司中国区董事长。自此，受到大老板鼓励的 Randy 信心大增，英文一日千里。而董事长也经常问起那个英文很棒的小伙子工作如何是否出色？引得 Randy 的老板和同事们惊讶无比。

在董事长的光辉照耀下，Randy 得以步步高升，工作成绩也越来越出色。

可见，贵人在你成功的道路上能起到推波助澜的作用，他们能加快你成功的步伐。所以，一定要善于发现贵人，进而通过自己恰当的表现将其抓住。

那么如何去发掘自己的贵人呢？到了一个新环境，不妨留心观察周遭的人哪些可能是你的贵人。然后主动亲近他们、好好表现，让他们对你有深刻的印象。在某个时机，他们就会发挥贵人的作用，在你职业生涯的发展过程中，助你一臂之力。

值得注意的是，所谓的贵人，不一定比你资历深，也不一定比你的职位高，寻找贵人时千万不能犯了"只看上，不看下"的毛病。打扫办公室的清洁工、前台实习的小妹、甚至来送快递的小弟……都有可能是你的贵人。成功，要靠自己，也要靠别人。一个有远见的人应当学会主动出击，捕获那些可以为你所用的贵人。

恰当的表现能够让你捕获贵人，在适当的时机你的贵人会助你一臂之力，让你更快更好地收获人生的精彩。

你就是一座金矿，你的价值超乎你的想像

"认识自我"这句镌刻在古希腊戴尔菲城那座神庙里的唯一的铭文，犹如一把千年不熄的火炬，表达了人类与生俱来的内在要求和至高无上的思考命题。

尼采曾说："聪明的人只要能认识自己，便什么也不会失去。"事实上，每个人都是一座金矿，每个人都有巨大的潜能，每个人都有自己独特的个性和长处，每个人都可以选择自己的目标并通过不懈的努力去争取属于自己的成功。

罗兰说过，每个人生命中都有属于他自己的一份精华。我们要了解自己、选定方向，认真地去追求，那就叫作立志。

任何一个人，无论他是普普通通的劳动者，还是一个残障人士，他自己本身就是一座金矿，只要去挖掘就能发现其中的无价之宝。这座"金矿"，是由千百万年来人类进化所赋予每个人的特定素质构成的，在后天开掘性的塑造中它将各自焕发出独特的光泽和能量。之所以是"金矿"，并不是标志着"矿物含量"的"品位"，而是指每个个体的人所能给予世界的独特的奉献——哪怕发出的只是区区嘤声，也确实蕴含着自身独特的音韵。

明代进士庄元臣就在他的《叔苴子·内篇》中说过："禽虫之鸣，亦有专能，乌之哑哑，鹊之喈喈，蝉之嘒嘒，虫之唧唧，动于天者，人虽欲效之而不能似也。若鹦鹉鸲鹆，失其真而慕为人言，则人固得而胜之矣。"大致是说，各种虫鸟能鸣叫出各自独特的声音最好，

不必像鹦鹉、鸲鹆那样，因师法人言之巧而丧失心声。

无独有偶，俄国语言大师屠格涅夫对此也有精彩的论述："在一切的天才之上，重要的是我敢称为自己的声音的一种东西。是的，重要的是自己的声音，重要的是生动的、特殊的自己个人所有的音调，这些音调在其他每一个人的喉咙里是发不出来的。"

在这里，屠格涅夫所说的"自己的声音"其实就是一个人所拥有"金矿"。梅兰芳用自己的"声音"挖掘自己的"金矿"；鲁迅用文字的"声音"来掀起文学思潮；孔繁森用奉献的"声音"来传递真情；陈景润用数学符号的"声音"来显示智慧……关键的问题是，并不仅仅这些名人才是一座开发不尽的"金矿"——但凡是人，都是一座"金矿"，就看我们能否把它开发出来。成功地进行开采的，便是强者；惰于进行挖掘的，便是弱者。

古希腊有一位哲人，在他风烛残年之际，为了考验和点化一下他那位忠心耿耿的得力助手，便将其叫到病床前说："我的蜡所剩不多了，得找另一蜡接着点下去，你明白我的意思吗？"

助手悲痛地回答："老师，我知道您不想让自己的光辉思想得不到传承……"

"可是，"哲人平静地说，"我需要一位最优秀的传承者。他不但要有相当的智慧，还必须有充分的信心和非凡的勇气……这样的人直到目前我还没有找到。在我走之前，你帮我寻找和挖掘一位好吗？"

"好的，好的。"助手很温顺尊重地说，"我一定竭尽全力地去寻找，以不辜负您的栽培和信任。"

哲人不置可否地微笑了一下，没有再多说什么。

那位忠诚而勤奋的助手并不明白哲人的心事，反而真的不辞辛劳地通过各种渠道开始四处寻找了。当然，对于他所领回来的那些人，哲人总是婉言谢绝。

哲人的身体一天不如一天了，但那位助手还是没有完成他的心愿。有一次，当助手还想再去寻找的时候，已经病入膏肓的哲人硬撑着虚弱的身子从床上坐起来，无限感慨地对他说："真是辛苦你了。可是，你不知道，那些被你辛辛苦苦找来的人其实没有一个比你聪明……"

见哲人说话那么吃力，助手感到无比悲痛，他说："您放心吧。我一定加倍努力，找遍城乡各地、找遍五湖四海，为您找到一位最优秀的人，让他继承您的事业。"

哲人点点头，又躺下了。

就这样又过了半年，哲人已经处于弥留之际，但是那位助手依然没有找到令哲人满意的人。助手为自己的无能感到十分惭愧，他泪流满面地坐在病床边，语气沉重地说："我没能完成您的心愿，辜负了您的期望！"

"失望的是我，对不起的却是你自己。"哲人说到这里，很失意地闭上眼睛，停顿了许久才又不无哀怨地说，"本来，最优秀的就是你自己，只是你不敢相信自己，才把自己给忽略、给耽误、给丢失了……其实，每个人都是最优秀的，差别就在于如何认识自己，如何发掘和重用自己……"话没说完，一代哲人就带着他没有传承下来的光辉思想永远离开了这个世界。

那位助手非常后悔，可是，他从哲人临终的遗言中得到了启发，认识到了自己的价值，从而沿着哲人的足迹最终取得了巨大的成功。

为了不重蹈那位助手当年的覆辙，每个向往成功、不甘沉沦者都应该牢记先哲的这句至理名言：你自己就是一座金矿，关键是如何发掘和重用自己。

虽然我们不能完全赞同成功学大师拿破仑·希尔所说的"人人

都能成功"的观点，但是任何一个人，哪怕业绩平平、才不出众，只要承认自己就是一座"金矿"，并时刻充满信心、持之以恒地着力开发它，是都能够在适应自身素质的基础之上，在不同层次的意义上，各自发现出弥足珍贵的自己的价值来的。

除掉心灵的杂草，你会变得越来越好

　　人生要想有所收获，就不能让诱惑自己的东西太杂、太多，不能让心灵里累积的烦恼太多，更不能让努力的方向过于分叉。**要学会简化自己的人生，经常地抛弃不必要的负累，生活才更有意义。**

　　一个孩子在山里割草，被毒蛇咬伤了脚。孩子疼痛难忍，而医院在远处的小镇上。孩子毫不犹豫地用镰刀割断受伤的脚趾，然后忍着剧痛艰难地走到医院。虽然缺少了一个脚趾，但孩子以短暂的疼痛保住了自己的生命。

　　古希腊的佛里几亚国王葛第士以非常奇妙的方法，在战车的轭上打了一串结。他预言：谁能打开这个结，就可以征服亚洲。一直到公元前 334 年，还没有一个人能够成功地将绳结打开。这时，亚历山大率军入侵小亚细亚，他来到葛第士绳结之前，不加考虑便拔剑砍断了绳结。后来，他果然一举占领了比希腊大 50 倍的波斯帝国。

　　小孩子果断地舍弃脚趾，以短痛换取了生命；亚力山大果断地剑砍绳结，说明他舍弃了传统的思维方式。在某个特定的时刻，你只有敢于舍弃，才有机会获取更长远的利益。即使遭受难以避免的挫折，你也要选择最佳的失败方式。

　　生活中，成败往往蕴含于取舍之间。不少人因为难以舍弃眼前的蝇头小利，而忽视了更长远的目标。成功者有时仅仅在于抓住了一两次被别人忽视了的机遇。只有懂得舍弃的人，才有更长远的目标，才能真正过自己想要的生活。

在墨西哥海岸边，有一个美国商人坐在一个小渔村的码头上，看着一个墨西哥渔夫划着一艘小船靠岸，小船上有好几尾大黄鳍鲔鱼。这个美国商人对墨西哥渔夫抓这么高档的鱼恭维了一番，问他要多少时间才能抓这么多？

墨西哥渔夫说，才一会儿功夫就抓到了。美国人再问，你为什么不呆久一点，好多抓一些鱼？墨西哥渔夫觉得不以为然：这些鱼已经足够我生活所需啦！美国人又问：那么你一天剩下那么多时间都在干什么？

墨西哥渔夫解释：我呀，我每天睡到自然醒，出海抓几条鱼，回来后跟孩子们玩一玩，再跟老婆睡个午觉，黄昏时晃到村子里喝点小酒，跟哥儿们玩玩吉他。我的日子过得充实又忙碌呢！

美国商人不以为然，帮他出主意，他说：我是美国哈佛大学企管硕士，我倒是可以帮你忙！你应该每天多花一些时间去抓鱼，到时候你就有钱去买条大一点的船。自然你就可以抓更多鱼，再买更多渔船，然后你就可以拥有一个渔船队。到时候你就不必把鱼卖给鱼贩子，而是直接卖给加工厂。或者你可以自己开一家罐头工厂，如此你就可以控制整个生产、加工处理和行销。然后你可以离开这个小渔村，搬到墨西哥城，再搬到洛杉矶，最后到纽约，在那里经营你不断扩充的企业。

墨西哥渔夫问：这要花多少时间呢？

美国人回答：15年到20年。

墨西哥渔夫问：然后呢？

美国人大笑着说：然后你就可以在家当皇帝啦！时机一到，你就可以宣布股票上市，把你的公司股份卖给投资大众。到时候你就发大财啦！你可以几亿几亿地赚！

墨西哥渔夫问：然后呢？

美国人说：到那个时候你就可以退休啦！你可以搬到海边的小渔村去住。每天睡到自然醒，出海随便抓几条鱼，跟孩子们玩一玩，再跟老婆睡个午觉，黄昏时，晃到村子里喝点小酒，跟哥儿们玩玩吉他啦！

渔夫说：您说的最终愿望，我现在就已经实现了。

世人想拥有的太多太乱，我们的心思太复杂，我们的负荷太沉重，我们的烦恼太无绪，这些都大大地妨碍了我们追求自己真正想要的生活。如果我们把很多时间和精力都花在无谓的纷争和无穷的耗费上，不仅自己的正常发展会受到限制，甚至会迷失自己真正应该前行的方向。

一位著名的禅师即将不久人世。他的弟子们坐在他的周围，等待着师父告诉他们人生和宇宙的奥秘。

禅师一直默默无语，闭着眼睛。突然他向弟子问道："怎么才能除掉野草？"弟子们目瞪口呆，没想到禅师会问这么简单的问题。

一个弟子说："用铲子把杂草全部铲掉！"禅师听完微微笑地点头。

另一个弟子说："可以一把火将草烧掉！"禅师依然微笑。

第三个弟子说："把石灰撒在草上就除掉杂草！"禅师脸上还是那样的微笑。

第四个弟子说："他们的方法都不行。那样不除根的，斩草就要除根，必须把草根挖出来。"

弟子们讲完后，禅师说："你们讲得都很好。那么从明天起，你们把这块草地分成几块，按照自己的方法除去地上的杂草，明年的这个时候我们再到这个地方相聚！"

第二年的这个时候，弟子们早早就来到这里。他们用尽了各种各样办法都不能铲除杂草，早就已经放弃了这项任务，如今只是为了看看禅师用的什么方法。

禅师那块原来杂草丛生的地已经不见了，取而代之的是金灿灿的庄稼。弟子们顿时领悟到：只有在杂草地里种上庄稼，才是除去杂草的最好方法。

他们围着庄稼地坐下，庄稼已经成熟了，可是禅师却已经仙逝了。这是禅师为他们上的最后一堂课，弟子无不流下了感激的泪水。

是的，要想除掉旷野里的杂草，只有一种方法，那就是种上庄稼。要想心灵不荒芜，唯一的方法就是修养自己的美德。

在人生的道路上会不时地长出一些杂草，侵蚀我们美丽的人生花园。我们要学会把这些杂草铲除和放弃，放弃不适合自己的职业、放弃虚名、放弃纷争、放弃变了味的友谊、放弃失败的恋爱、放弃没有意义的交际应酬、放弃坏的情绪、放弃不必要的忙碌压力……

要想铲除心灵的杂草，就不要沉溺于琐事。许多有巨大潜力的人为一些次要、渺小、非主流的东西阻挡了前进之路，有些人甚至因为斤斤计较而毁了自己的一生。

我们应该做到：

1. 把着眼点放在较大目标上

因小失大的人就像是一个没有做成生意的售货员一样，他向经理报告说："是的，买卖没做成，但我肯定使那位客人知错了。"在销售中重要的是做成生意，而不是分辨谁对谁错。

婚姻中，重要的目标是幸福、平静，而不是谁在争吵中取胜。

在与员工一起工作中，重要的是发挥他的潜力，而不是就他们犯的小错误大做文章。

在与邻居相处时，重要的是互相尊重与友好相处，而不是总盯着他们是否在说别人的闲话。

如果用部队里的术语来说，我们宁愿失去一场战斗而赢得一场战争，也不愿因赢得一场战斗而失去一场战争。

2. 问一句这是否真的很重要

在每次消极的激动之前问问自己："这事值得我那样大动干戈吗？"没有比这一提问更好的治疗为麻烦事而烦恼、激动的药方了。如果我们碰到麻烦事时，问自己一声："这事是否真的重要？"则最少 90% 的争吵与不和将不会发生。

3. 不要掉进琐事的圈套中

在解决问题、与同事交谈时，多想那些重要的事。不要为一些表象、肤浅的事情所淹没，集中精力于大事上。

放弃我们人生田地和花园里的杂草害虫，我们才有机会同真正有益于自己的人和事亲近，才会获得适合自己的东西。我们才能给人生播下良种，收获幸福。

不怯场：怕，就会输一辈子